茶图鉴

从识茶到品茶

康菲 陈美珍 编著

中国轻工业出版社

中国茶之优雅，
日本茶之清秀，
印度茶之浓郁，
锡兰茶之芳香，
……

茶者，南方之嘉木也。
从传说中的神农遇茶直到今天，
这一杯茶的甘苦芬芳，
穿越千年的历史风雨，
跨越山川河流，漂洋过海，
深深地浸入世界的每一个角落，
成为人们生活中必不可少的元素。

紧张劳累之后，
心情错综复杂时，
感觉烦躁郁闷时，
选一种自己喜爱的茶叶，
悠悠然地泡上一壶，
透过袅袅轻雾，
看茶叶在水中沉浮舒展，
闻沁人心脾的清香弥漫。
茶汤入口，或清雅，或馥郁，
或众味交集百转千回。

一烹一品间，
让人醉了思绪，净了心灵。
这便是茶，茶之味，茶之美。

第一章

中国茶 11

悠久的中国茶历史 12
中国茶的产地介绍 14
中国茶的种类及功效 16
　　绿茶 16
　　红茶 21
　　乌龙茶 25
　　黄茶 29
　　黑茶 31
　　白茶 33
　　花茶 35

冲泡中国茶的茶具 38
中国茶的冲泡方法 42
　　用紫砂壶泡茶的方法 44
　　用瓷壶泡茶的方法 48
　　用盖碗泡茶的方法 52
　　用玻璃杯泡茶的方法 56
　　用盖杯泡茶的方法 58

喝中国茶，配中国茶点 60
中国茶的挑选与保存方法 66
　　中国茶的挑选 66
　　中国茶的保存 69

第二章

日本茶 71

日本茶的历史 72
日本茶的产地介绍 74
日本茶的成分及功效 77
　　日本茶中的有益成分 77
　　日本茶的功效 78

日本茶的种类 79
　　煎茶：形似松针，美如碧玉 79
　　焙茶：独特焙炒香，温润甘甜味 80
　　番茶：清香中透着的山野风味 80
　　玄米茶：兼具绿茶香气与炒米芳香 81
　　玉露：甘甜柔和如少女 81
　　茎茶：虽淡薄，亦清香 82
　　芽茶：茶香浓郁鲜味足 82
　　粉茶：一遇水就香味十足 83
　　抹茶：最新鲜、最营养的一种茶品 83
　　粉末茶：遇水即溶的煎茶 83

第三章

红茶世界　119

冲泡日本茶的茶具　84
日本茶的冲泡方法　88
　煎茶的冲泡方法　90
　焙茶的冲泡方法　92
　番茶的冲泡方法　94
　玄米茶的冲泡方法　96
　玉露的冲泡方法　98
　茎茶、芽茶的冲泡方法　100
　粉茶的冲泡方法　102
　抹茶的冲泡方法　106
　抹茶的点沏方法　108

喝日本茶，配日本茶点　110
日本茶的挑选与保存方法　114
　日本茶的购买　114
　日本茶的挑选　115
　日本茶的保存　117

红茶的历史　120
红茶产地介绍　122
红茶的成分及功效　123
　红茶中的有益成分　123
　红茶的功效　124

红茶的种类　125
　印度红茶　127
　斯里兰卡红茶　129
　印度尼西亚红茶　131
　肯尼亚红茶　131
　拼配茶　132
　调味茶　134

红茶的等级　135
冲泡红茶的茶具　137
红茶的冲泡方法　141
　纯红茶的冲泡方法　143
　奶茶的冲泡方法　145
　冰茶的冲泡方法　147
　茶包的冲泡方法　149

喝红茶，配美味茶点　151
红茶的挑选与保存方法　154
　红茶的挑选　154
　红茶的保存　155

第四章

健康茶、花草茶及茶饮料 157

健康茶、花草茶 158

红花茶 160
洋甘菊茶 161
蒲公英茶 162
鱼腥草茶 163
艾草茶 164
枣茶 165
柿叶茶 166
番石榴茶 167
枸杞茶 168
苦瓜茶 169
香菇茶 170
桑叶茶 171
高丽人参茶 172
杜仲茶 172
苦荞麦茶 173
野草莓茶 174
大麦茶 174
接骨木茶 175
荷叶茶 176
枇杷叶茶 176
薏仁茶 177
莲子心茶 178
苦丁茶 178

茶饮料 179

青橘柠檬茶 179
蜂蜜柚子茶 180
鲜橙红柚茶 181
葡萄柚子茶 182
橘子生姜茶 183
罗汉果茶 184
火龙果绿茶 185
珍珠奶茶 186

蒙古奶茶 187
新疆奶茶 187
港式奶茶 188
英式奶茶 189
香蕉奶茶 189
炭烧奶茶 190
坚果奶茶 190

第一章

中国茶

中国是茶的故乡。中国茶种植历史悠久，茶类品种各式各样，如春天的百花园，竞相争艳。一杯中国茶，以其独特的色、形、香、味、韵，渗透到生活中的每一个角落。

悠久的中国茶历史

亨茗园
中坐何人
是主
翁恰如
入仙境
上下起
松风

　　说起中国茶的发现、饮用历史，可以追溯到神农时代。相传，神农尝百草时，无意间发现了茶叶的药用价值。饮茶文化发展至今，使得茶成为一种日常生活不可或缺的饮品。

从药用到饮用的开端

　　汉朝之前，茶一直被当作药物食用，到了汉朝，茶才开始被视为可以饮用的饮品。同时，茶以"贡品"的身份进入京都长安，并逐渐传至北方地区。到了三国时期，已经有"以茶代酒"之情境。只是此时，茶多是上层社会享用的"奢侈品"，民间饮茶十分少见。

从上流社会到普通大众

　　两晋南北朝时期，文人士大夫间兴起饮茶之风，民间亦有饮茶。进入隋唐时期，饮茶之风较之更浓，从王公贵族到平民白丁，无不饮茶，各地还纷纷出现了茶馆。到了宋朝，饮茶文化的发展进入高峰期，宫廷设立茶事机关，茶仪已成礼制，民间更有"献茶""元宝茶""下茶""定茶"等礼仪。

浮浮沉沉的世界茶市之旅

元朝以后，中国茶的种类更加丰富，黄茶、黑茶、花茶等开始进入市场，茶具的款式、质地、花纹亦千姿百态。到了明末清初，紫砂壶泡茶逐渐兴起，一直到今天，都是饮茶的主流方式。

明末清初阶段，随着茶园面积扩大，茶叶产量增长，茶叶出口贸易十分兴盛。然而，鸦片战争爆发后，中国茶叶贸易实权被英、德等国家掌控，茶叶的生产随之衰落。

茶叶复兴，走在世界前沿

新中国成立之后，中国茶开始恢复生产，加上科学种茶的推广，茶叶经济以迅猛之势发展起来。目前，我国茶叶产量位列世界前茅，中华茶文化也对世界茶文化的发展产生着非常积极的影响。

〔中国茶年表〕

公元前2700年左右

传说神农尝百草，发现茶的药用价值

汉代：公元前59年左右

"茗饮之法"出现

三国：公元220—280年

出现"以茶代酒"之情境

南北朝：公元420—589年

文人饮茶之风盛行，民间开始饮茶

隋唐：公元581—907年

茶道流行

饮茶广泛流行，茶成为家常饮品；出现茶馆

公元760年左右，陆羽著成《茶经》

公元805年左右，遣唐使最澄等人将中国茶传入日本

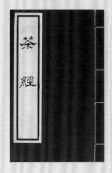

明代：公元1368—1644年

茶马互市兴盛；红茶文化在欧洲流行，中国茶开始出口

清代：公元1616—1911年

1840年后，中国茶叶出口被英、德等国家掌控，除红茶外的茶类生产式微

新中国成立后：1949年—

中国茶叶生产恢复，茶叶产量位列世界前茅，中华茶文化和茶艺闻名世界

中国茶的产地介绍

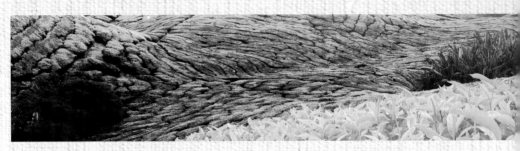

　　中国是最早种植茶叶的国家，也是目前世界上排名前列的产茶大国。中国地域辽阔，很多地方都种植茶叶，但因地势、气候、土壤等因素，每个产地出产的茶叶品种、品质、特色等又各不相同。也正因如此，使得中国茶品类数不胜数，如春天的百花园，万紫千红，竞相开放。

　　中国有四大茶区：

　　江南茶区：位于中国长江中、下游南部，包括浙江、湖南、江西等省和皖南、苏南、鄂南等地，为中国茶叶的主要产区。

　　西南茶区：位于中国西南部，包括云南、贵州、四川三省以及西藏东南部，是中国最古老的茶区。

　　华南茶区：位于中国南部，包括广东、广西、福建、台湾、海南等省（区），为中国最适宜茶树生长的地区。

　　江北茶区：位于长江中、下游北部，包括河南、陕西、甘肃、山东等省以及皖北、苏北、鄂北等地，为中国北部茶区。

浙江（江南茶区）

　　浙江地处华东，濒临东海，气候温润，雨水丰富，地理环境得天独厚，所产茶叶清幽芳香，有"丝茶之府"之美称。

绿茶：西湖龙井、顾渚紫笋、安吉白茶、径山茶

红茶：九曲红梅

江苏（江南茶区）

　　江苏位于中国大陆东部沿海，气候温和，雨量适中，土壤肥沃，故而盛产茗茶，其中洞庭碧螺春以"一嫩三鲜（色鲜、香鲜、味鲜）"而广为人知。

绿茶：洞庭碧螺春

湖北（江南茶区）

　　湖北位于鄂西山地，历史上曾是全国茶叶出口三大口岸之一。由于土质富含多种微量元素，加上水质好，湖北出产的茶品质一流。

绿茶：恩施玉露

红茶：宜红

湖南（江南茶区）

　　湖南属亚热带气候，气温舒适，降雨量丰富且适合茶树生长，是我国重点产茶省之一，素有"茶乡"之称，著名的君山银针、北港毛尖等茶就产自湖南。

红茶：湖红

黄茶：君山银针、北港毛尖

黑茶：湖南黑茶

安徽（一部分属于江南茶区，一部分属于江北茶区）

安徽省处于暖温带、亚热带过渡地区，空气湿度大，雨雾时间多，土质深厚疏松，有机质含量高，属中国名茶重要生产省份之一。

绿茶： 黄山毛峰、太平猴魁、六安瓜片
红茶： 祁门红茶
乌龙茶： 黄金桂
黄茶： 霍山黄芽

河南（江北茶区）

河南大部分地区地处暖温带，南部跨亚热带，具有四季分明、雨量充沛、土壤深厚疏松、空气湿润等特点，非常适合茶树的生长。所出产的信阳毛尖品质上乘。

绿茶： 信阳毛尖

贵州（西南茶区）

贵州地处亚热带，温暖湿润，四季分明，优越的地理环境以及适宜的气候，使其成为绿茶的主产区之一。

绿茶： 都匀毛尖

四川（西南茶区）

四川是中国最早种茶、饮茶、售茶的地区之一，出产的茶叶品种也较多，有绿茶、黄茶、红茶和黑茶等品种。

绿茶： 蒙顶甘露
红茶： 川红
黄茶： 蒙顶黄芽

江西（江南茶区）

江西位于中国东南部、长江中下游南岸，生态环境优越，气候适宜，种茶条件得天独厚，是全国重要的茶叶生产区，产有婺源茗眉、庐山云雾、双井绿等名茶。

绿茶： 庐山云雾、狗牯脑、婺源茗眉、双井绿

云南（西南茶区）

云南是我国产茶大省，其茶区主要分布在西南部和南部高原山区，多数分布于高海拔地带，这些区域生态环境极好，故而产出的茶叶品质极高。

红茶： 滇红
黑茶： 普洱茶

广西（华南茶区）

广西地处我国华南地区，属亚热带季风气候区，气候温暖，雨水丰沛，光照充足，所出产的茶叶，因为都是高山种植或野生的，所以品质特别好。

黑茶： 六堡茶

广东（华南茶区）

广东省位于南岭以南，南海之滨，气温较高，日照时间长，出产的茶叶以口感醇香、绿色、天然而闻名。

乌龙茶： 凤凰单枞

福建（华南茶区）

福建位于我国东南沿海，自古以来便是产茶大省，不仅茶叶种类多、产量多，而且盛产名茶，其中最负盛名的是安溪铁观音、武夷大红袍等。

红茶： 正山小种、政和功夫、坦洋工夫、白琳工夫
乌龙茶： 安溪铁观音、武夷大红袍、武夷铁罗汉、武夷肉桂、闽北水仙、永春佛手
白茶： 白毫银针、白牡丹、贡眉

台湾（华南茶区）

台湾位于我国东南海域，其从北至南，产茶地区不胜枚举，而每个产区的茶叶，因所在纬度和地形不同而各具特色，其中较为著名的有冻顶乌龙、文山包种等茶类。

乌龙茶： 冻顶乌龙、白毫乌龙、文山包种

中国茶的种类及功效

中国茶从制作工艺和品类，可分为六大基本茶类及花茶类，六大基本茶类包括绿茶（不发酵）、黄茶和白茶（轻微发酵）、乌龙茶（部分发酵）、红茶（全发酵）、黑茶（后发酵），虽统称为中国茶，但不同茶类、不同产区、不同工艺、不同品种的茶叶品质及特征各不相同。

绿茶

目前中国茶中种类最多、产量最大、观赏性最强的一类茶，也是我国饮用史最长的茶类，距今已有两千多年。因为没有经过发酵，能最大限度保留了茶的原味，具有色绿、香高、味醇、形美等特点。因干茶在冲泡后色泽和茶汤的颜色均为淡绿色，故名绿茶。

中国的绿茶与日本绿茶都属于不发酵茶，但在制法和香味上还是有区别的。中国绿茶多用炒制，日本绿茶多用蒸汽杀青；中国绿茶多带有烘炒的浓香，味道上也少有涩味，日本绿茶茶香甘爽，回甘悠长。

功效

绿茶中含有较多的茶多酚、氨基酸、咖啡因、维生素C等，经常饮用，具有一定的防辐射、防癌、降血糖、降血压、降血脂、促进毒素排出、坚固牙齿等保健作用。

西湖龙井

绿茶皇后，从来佳茗似佳人

　　龙井为我国第一绿茶，产于浙江杭州西湖的狮峰、龙井、五云山、虎跑一带，故有"狮、龙、云、虎"四个品类之分。其中，狮峰龙井的品质为最佳，有"色绿、香郁、味醇、形美"四绝佳茗之美誉。

特　　点：外形平扁光滑，色泽翠绿，汤色碧绿，色泽明亮，香馥如兰，滋味鲜醇甘爽
投 茶 量：容器的1/5
泡茶水温：75~85℃
冲泡时间：每泡15~30秒

黄山毛峰

沁人心脾，景象万千的"黄金片"

　　黄山毛峰产于安徽黄山，1955年被评为"全国十大名茶"之一。特级黄山毛峰外形如雀舌，峰显毫露，色如象牙，鱼叶金黄，一芽一叶泡开后，变成"一枪一旗"，鲜活光亮，有"轻如蝉翼，嫩似莲须"之说。

特　　点：外形条索细扁，芽肥壮、匀齐，色泽嫩绿，香气清鲜，味醇厚、回甘
投 茶 量：容器的1/5
泡茶水温：75~85℃
冲泡时间：每泡15~30秒

洞庭碧螺春

香气浓郁，俗名"吓煞人香"

　　碧螺春产于江苏省苏州市太湖洞庭山，每年春分前后开采，谷雨前后结束，以春分至清明采制的明前茶品质最为名贵，素有"一嫩（芽叶）三鲜（色、香、味）"的赞誉。

特　　点：外形条索纤细，卷曲如螺，白毫显露，汤色清绿，香气浓郁，滋味鲜醇
投 茶 量：容器的1/10
泡茶水温：75~85℃
冲泡时间：每泡15~30秒

太平猴魁

猴魁两头尖，不散不翘不卷边

　　太平猴魁产于安徽省黄山市黄山区新明一带，以猴坑高山茶园所采制的尖茶品质最优。太平猴魁色、香、味、形独具一格，有"刀枪云集，龙飞凤舞"之美誉。

特　　点：两叶抱一芽，平扁挺直，汤色青绿，幽香扑鼻，醇厚爽口
投 茶 量：容器的1/5
泡茶水温：75~85℃
冲泡时间：每泡15~30秒

🍵 六安瓜片

妙玉巧手泡片茶

六安瓜片以齐头山所产的"齐山名片"品质最佳。六安瓜片外形独特，不带芽、不带梗，只余一片片绿色光润的茶叶。清代诗人潘世美曾作《云雾茶》来盛赞六安瓜片："六丁常遗获新香，有与凡夫浣俗肠"。

特　　点： 外形平展，无芽无梗，形似瓜子，香气清爽，水色碧绿，滋味回甜
投 茶 量： 容器的1/5
泡茶水温： 75~85℃
冲泡时间： 每泡15~30秒

🍵 都匀毛尖

雪芽芳香都匀生，不亚龙井碧螺春

都匀毛尖又叫都匀细毛尖、白毛尖，产于贵州省黔南布依族苗族自治州，采用清明前后数天内刚长出的一叶或二叶未展开的叶片制成，素以"干茶绿中带黄，汤色绿中透黄，叶底绿中显黄"的"三绿三黄"特色著称。

特　　点： 色泽翠绿，白毫显露，香气清嫩，汤色清澈，滋味鲜浓，回味甘甜
投 茶 量： 容器的1/5
泡茶水温： 75~85℃
冲泡时间： 每泡15~30秒

🍵 信阳毛尖

淮南茶，信阳第一

信阳毛尖产自河南信阳，具有"细、圆、紧、直、多白毫、清香、汤绿、味浓"的独特风格，饮誉中外。宋代大文学家苏轼尝遍名茶而挥毫赞道："淮南茶，信阳第一"。

特　　点： 颜色鲜润、干净，香气高雅清新，味道鲜爽，醇香回甘
投 茶 量： 容器的1/5
泡茶水温： 75~85℃
冲泡时间： 每泡15~30秒

🍵 蒙顶甘露

扬子江中水，蒙山顶上茶

蒙顶甘露产自四川蒙山，是蒙顶山系列名茶之一。蒙顶名茶种类繁多，有甘露、黄芽、石花、玉叶长春等，以"甘露"品质最佳，有"茶中故旧、名茶先驱"之美誉。

特　　点： 外形美观，叶整芽全，色泽嫩绿、油润，茶汤黄中透绿，香馨高爽，味醇甘鲜
投 茶 量： 容器的1/5
泡茶水温： 75~85℃
冲泡时间： 每泡15~30秒

庐山云雾

饮庐山云雾茶，更识庐山真面目

庐山云雾产自江西庐山，是绿茶中的珍品，以"条索粗壮、青翠多毫、汤色明亮、叶嫩匀齐、香凛持久、醇厚味甘"等"六绝"而久负盛名。

特　　点：芽壮叶肥，白毫显露，色泽翠绿，幽香
　　　　　如兰，滋味深厚，鲜爽甘醇，耐泡
投 茶 量：容器的1/5
泡茶水温：75~85℃
冲泡时间：每泡15~30秒

狗牯脑

茗生此中石，玉泉流不息

狗牯脑产于江西遂川汤湖乡狗牯脑山，一般在4月初开始采摘，选料精细，制作工艺考究，望之见莹润生辉，闻之觉清香扑鼻，饮之茶甜久久不散。

特　　点：条索匀整纤细，白毫细嫩，碧色黛绿，
　　　　　汤色金黄清澈，滋味清凉、芳醇、香甜
投 茶 量：容器的1/5
泡茶水温：75~85℃
冲泡时间：每泡15~30秒

恩施玉露

恩施玉露似绿玉

恩施玉露主要产于湖北省恩施市南部的芭蕉乡及东郊五峰山，是蒸青针形绿茶的典型代表。其干茶、叶底、汤色"三绿"特征堪称绿茶典范，并且茶汤香气清香持久，滋味鲜爽回甘，有胜似"玉露琼浆"之美誉。

特　　点：紧圆光滑，色泽苍翠绿润，毫白如玉，
　　　　　汤色嫩绿明亮，口感香鲜
投 茶 量：容器的1/10
泡茶水温：75~85℃
冲泡时间：每泡15~30秒

顾渚紫笋

牡丹花笑金钿动，传奏湖州紫笋来

顾渚紫笋又名"湖州紫笋"，产自浙江省长兴县的顾渚山，于每年清明至谷雨期间采摘。滋味甘醇，是上品贡茶中的"老前辈"，被茶圣陆羽论为"茶中第一"，有"青翠芳馨，嗅之醉人，啜之赏心"之誉。

特　　点：芽叶微紫，或相抱似笋，或形似兰花，
　　　　　汤色碧绿，有兰花香，味甘醇鲜爽
投 茶 量：容器的1/5
泡茶水温：75~85℃
冲泡时间：每泡15~30秒

🫖 安吉白茶

清凉若淡竹积雪，爽甜似玉液琼浆

安吉白茶产自浙江安吉，于清明节前至夏至期间采摘，以清明节前采摘的安吉白茶颜色最佳。色腻如脂，滑如玉，韵味独特，含一丝清冷如"淡竹积雪"的奇逸之香。

特　　点： 外形细秀，鲜黄活绿，汤色鹅黄，清香持久，滋味鲜爽，回味甘而生津

投 茶 量： 容器的1/5

泡茶水温： 75~85℃

冲泡时间： 每泡15~30秒

🫖 婺源茗眉

婺源山谷，茗眉拔萃

婺源茗眉产于江西省婺源县，不仅外形别致，纤纤如仕女秀眉，且有"叶绿、汤清、香浓、味醇"的特点，亦有"一见顿觉清爽，再饮精神更旺"之赞誉。

特　　点： 外形翠绿紧结，纤纤如仕女秀眉，茶汤清澈明亮，滋味醇和

投 茶 量： 容器的1/5

泡茶水温： 75~85℃

冲泡时间： 每泡15~30秒

🫖 径山茶

不如双径回清绝，天然味色留烟霞

径山茶产于浙江余杭径山，每年4月采摘，清明前采摘的明前径山茶最为细嫩。冲泡径山茶时要先放水，后放茶。茶叶遇到水，如天女散花一般很快沉落杯底，独特的板栗香，也清香持久。

特　　点： 外形细嫩、芽峰显露，色泽翠绿，汤色嫩绿，滋味甘醇爽口，有板栗香

投 茶 量： 容器的1/5

泡茶水温： 75~85℃

冲泡时间： 每泡15~30秒

🫖 双井绿

长安富贵五侯家，一啜犹须三日夸

双井绿出产于江西省修水县杭口乡"十里秀水"的双井村，以明前极品双井绿品质最优。此茶形如凤爪，银毫披露，即所谓"白雪有芽鹰作爪"，香气清高，韵味独特，自古就有"草茶第一"、"奇茗"之誉。

特　　点： 一芽一叶或一芽二叶，紧圆带曲，汤色清澈，香气清高持久，滋味鲜爽

投 茶 量： 容器的1/5

泡茶水温： 75~85℃

冲泡时间： 每泡15~30秒

红茶

我国茶中品种较多，饮用历史较久，后流传至欧洲，发展成为欧洲茶的主流——"Black Tea"。红茶是全发酵茶，因为经过发酵这一工序，促使茶叶中的多酚类物质发生酶性氧化，产生茶红素、茶黄素等氧化产物，从而形成了红茶特有的红汤、红叶、味甘等特点。

中国红茶有工夫红茶、小种红茶与红碎茶三种类型，性质温和，滋味甘醇，少有涩味，既适宜单独品饮，也可以加入各种调料，调和成形态、颜色、味道各异的调和茶。

功效

红茶含有较多的钾、茶多酚、咖啡碱、维生素A、黄酮类化合物等，有助消化、促进食欲、养护肠胃、利尿消肿、抗心血管疾病等养生功效。

祁门红茶

祁红特绝群芳最，清誉高香不二门

祁门红茶主要产于安徽省祁门、东至、贵池、石台、黟县，以及江西的浮梁一带，与印度的"大吉岭"和斯里兰卡的"乌伐"齐名，被誉为世界三大高香名茶。祁门红茶品质超凡，有"群芳最"、"红茶皇后"之美誉。

特　　点： 条索紧秀、金毫显露，色泽乌黑鲜润泛灰光，汤色红艳，茶味道浓厚、醇和

投 茶 量： 容器的1/10

泡茶水温： 90~100℃

冲泡时间： 1分钟左右

宜红

香鲜兼备，当数宜红

宜红是"宜昌工夫红茶"的简称，产于湖北宜昌、恩施地区，是我国工夫红茶的典型代表。此茶虽然看上去色泽乌润、不美观，但品起来香鲜兼备，滋味鲜甜，十分好喝，因而深受青睐。

特　　点： 条索紧细、有金毫，色泽乌黑油润，汤色红艳，香气高甜持久，味道醇厚鲜爽

投 茶 量： 1茶匙

泡茶水温： 90~100℃

冲泡时间： 1分钟左右

正山小种

得尝正山小种，胜饮人参汤

正山小种又称星村小种，产于福建武夷山桐木关地区，被誉为"红茶鼻祖"，至今有400多年的饮用历史。正山小种茶味浓郁、独特，含醇馥的烟香和桂圆汤、蜜枣味。

特　　点： 条索肥壮，紧结圆直，色泽乌润，汤色艳红，经久耐泡，滋味醇厚

投 茶 量： 1茶匙

泡茶水温： 90~100℃

冲泡时间： 1分钟左右

川红

红茶中之最香者

川红工夫茶产于宜宾、江律、内江、涪陵及重庆、自贡部分地区等地，其中宜宾川红品质最优，有早、嫩、快、好的特点。与"祁红"、"滇红"并称中国三大红茶。

特　　点： 条索肥壮圆紧、显金毫，色泽乌黑油润，汤色浓亮，香气清鲜带焦糖香

投 茶 量： 1茶匙

泡茶水温： 90~100℃

冲泡时间： 1分钟左右

🫖 滇红
香高味浓独树一帜

　　滇红工夫茶产自滇西南澜沧江以西、怒江以东的高山峡谷区，包括凤庆、勐海、临沧、双江等县。滇红"形美、色艳、香高、味浓"，毫色又分淡黄、菊黄、金黄等，茶汤更是诱人，红艳如葡萄美酒。

特　　点：	条索紧实、金毫显露，汤色红浓透明，香气高醇持久，滋味浓厚鲜爽
投 茶 量：	1茶匙
泡茶水温：	100℃
冲泡时间：	30秒左右

🫖 坦洋工夫
精试百余载，凝香一壶春

　　坦洋工夫茶产于福建省福安市坦洋村，闽红三大工夫茶之一，其"色翠、香郁、味甘、形美"，被誉为"茗中佳品"，周恩来总理曾这样称赞"坦洋工夫"红茶："坦洋工夫，香飘四海。"

特　　点：	条索紧细匀直，毫尖金黄，乌黑油润，汤色红艳，含桂圆香气，鲜爽、浓醇
投 茶 量：	2茶匙
泡茶水温：	90~100℃
冲泡时间：	1~2分钟

🫖 政和工夫
闽红工夫茶之上品

　　政和工夫茶主要产于福建省政和县，以政和大白茶品种为主体，取其滋味浓爽、汤色红艳之长，又适当配以小叶种浓郁花香之特点的工夫红茶，为闽红三大工夫茶之首。

特　　点：	条索肥壮重实、匀齐，毫芽显露金黄色，香气芬芳，汤色红艳，滋味醇厚
投 茶 量：	1茶匙
泡茶水温：	90~100℃
冲泡时间：	1~2分钟

🫖 白琳工夫
传承久远、独具制造魅力的工夫茶

　　白琳工夫红茶产于福建省福鼎市白琳镇，系小叶种红茶，具有茸毫多、萌芽早、产量高等特点，曾与"坦洋工夫"、"政和工夫"并列为"闽红三大工夫茶"，并驰名中外。

特　　点：	条索细长弯曲，茸毫多呈颗粒绒状，色泽黄黑，汤色浅亮，香气鲜醇，味清鲜甜
投 茶 量：	1~2茶匙
泡茶水温：	90~100℃
冲泡时间：	1~2分钟

宁红
礼品中的珍品

宁红工夫茶产于江西省九江市修水县,于谷雨前采摘,采摘时要求一芽一叶或一芽二叶,芽叶大小、长短须一致。原料要求严格,制作工艺考究,造就了宁红优良的品质。

特　　点: 外形条索紧结圆直,色乌略红,汤色红亮,香高持久,滋味醇厚甜和

投 茶 量: 1茶匙

泡茶水温: 90~100℃

冲泡时间: 1分钟左右

九曲红梅
神秘的东方之美

九曲红梅又称九曲乌龙,产于浙江省杭州西南郊区,尤以湖埠大坞山者为妙品。其品质优异,风韵独特,色、香、味、形俱佳,因而被誉为"红茶中的珍品"。

特　　点: 外形条索细紧,披满金色的绒毛,汤色橙黄明亮,香气芬馥,滋味浓郁

投 茶 量: 1茶匙

泡茶水温: 90~100℃

冲泡时间: 1分钟左右

湖红工夫
好山好水出好茶

湖南工夫茶主要产于湖南省安化、新化、桃源、涟源、邵阳、平江、浏阳、长沙等县市,分工夫红茶、红碎茶、O.P红茶三大类,是中国历史悠久的红茶种类之一。

特　　点: 条索紧结,色泽黑润,汤色红艳明亮,香高持久,滋味浓厚

投 茶 量: 1~2茶匙

泡茶水温: 90~100℃

冲泡时间: 1分钟左右

苏红工夫
天下茶品,阳羡为最

苏红工夫茶产于江苏省宜兴市,又称"宜兴红茶"、"阳羡红茶"。可根据茶叶的外形,将苏红工夫茶分叶茶、碎茶、片茶、末茶等类,因香气独特、沁人心脾而备受好评。

特　　点: 外形条索紧细,色泽乌润,汤色淡红,带鲜甜果香,滋味深厚甘醇

投 茶 量: 1茶匙

泡茶水温: 90~100℃

冲泡时间: 1分钟左右

乌龙茶

即青茶，属半发酵茶，即制作时适当发酵，使叶片稍有红变，是介于绿茶与红茶之间的一种茶类。它既有绿茶的鲜爽，又有红茶的浓郁芬芳，取两茶之长，博得了很多人的喜爱。

如此独特的茶叶，品质自然也非同一般。通常的茶叶冲泡两三次便淡而无味了，但乌龙茶冲泡两三次却依然香味悠长，甚至可以冲泡更多的次数，所以乌龙茶有"七泡有余香"的美誉。

功效

乌龙茶含有较多的茶多酚、儿茶素、单宁酸、钾、钠等，经常饮用有抗过敏、助消化、利尿消肿、减肥瘦身、降血脂、防衰老等保健作用。

安溪铁观音

舌根未得天真味，鼻管先通圣妙香

安溪铁观音产于福建省泉州市安溪县，分清香型和浓香型两大香型。制法独特，清香雅韵，冲泡后有天然的兰花香和特殊的甘露味，浓而持久，世人赞其"七泡有余香"。

特　　点： 茶条卷曲，色泽砂绿，茶汤金黄浓艳、醇厚甘鲜
投 茶 量： 容器的1/2
泡茶水温： 90~100℃
冲泡时间： 第一泡10秒，以后每次递增5秒

白毫乌龙

英女王口中的东方美人

白毫乌龙产于我国台湾省新竹、苗栗地区，外形高雅、含蓄、优美，分红、黄、白、青、褐五种颜色，美若敦煌壁画中身穿五彩斑斓羽衣的飞天仙女，且内涵甜美，有"掬水月 在手，弄花香满衣"之意蕴。

特　　点： 叶片肥大、白毫显著，呈现红、白、黄、绿、褐色，滋味甜醇
投 茶 量： 容器的1/5
泡茶水温： 85~90℃
冲泡时间： 30秒左右

冻顶乌龙

茶中圣品

冻顶乌龙产于台湾地区南投县鹿谷乡冻顶山，属轻度或中度发酵茶，按品级可分为特选、春、冬、梅、兰、竹、菊7种。冻顶乌龙茶品质以春茶最好；秋茶次之；夏茶品质较差。

特　　点： 呈半球状，色泽墨绿，边缘隐隐呈金黄色，茶汤金黄，味醇厚甘润
投 茶 量： 容器的1/4
泡茶水温： 90~100℃
冲泡时间： 30秒左右

武夷大红袍

品岩骨花香之胜

武夷大红袍产于福建武夷山，每年四月底开始采摘，直至五月中旬结束。它叶质厚润，采制成茶芬芳独特，即使九道冲泡，依然不失其桂花香，堪称奇茗，被誉之国宝。

特　　点： 外形条索紧结，色泽绿褐鲜润，汤色橙黄明亮，滋味浓醇、鲜爽回甘
投 茶 量： 容器的1/3~容器的2/3
泡茶水温： 90~100℃
冲泡时间： 30秒左右

武夷铁罗汉

岩岩有铁罗汉，非岩不铁罗汉

武夷铁罗汉产于福建武夷山，是中国乌龙铁罗汉中之极品。铁罗汉属半发酵，制作方法介于绿铁罗汉与红铁罗汉之间，兼有红铁罗汉的甘醇、绿铁罗汉的清香，具有久藏不坏、香久益清、味久益醇的特点。

特　　点：	条形壮结，色泽绿褐鲜润，汤色橙红明亮，香气浓郁鲜锐，滋味浓醇
投 茶 量：	容器的1/3
泡茶水温：	90~100℃
冲泡时间：	45~60秒

闽北水仙

仙山飘美茶，犹留百岁香

闽北水仙原产于福建建阳县小湖乡大湖村，现主要产区为建瓯市、建阳县，是乌龙茶类中之上品。闽北水仙品质别具一格，有独特的兰花或者桂花香气，有"果奇香为诸茶冠"、"水仙茶质美而味厚"等美誉。

特　　点：	呈条形茶或颗粒状，色泽砂绿油润，汤色橙黄，香气浓郁，滋味醇厚回甜
投 茶 量：	容器的1/2
泡茶水温：	95~100℃
冲泡时间：	1分钟左右

武夷肉桂

香气馥郁，桂香之胜

武夷肉桂产于福建武夷山，品质优异，性状稳定。武夷肉桂有两"奇"，一是生长在岩峰上；二是茶叶中含有大量的橙花叔醇，冲泡六七次仍有"岩韵"的肉桂香。

特　　点：	条索匀整、紧结，色泽褐绿，汤色橙黄，微苦，回甘
投 茶 量：	容器的1/3
泡茶水温：	90~100℃
冲泡时间：	1分钟左右

永春佛手

望仙山上神药茶

永春佛手产于福建省永春县，一年可收成多季，以冬茶品质最佳，春茶次之。永春佛手以甘醇清舒的感官之美，以及"香奇、传奇、效奇"而声名鹊起。

特　　点：	条索紧结、颗粒粗大，色泽砂绿乌润，汤色橙黄，香浓锐，味甘厚，耐冲泡
投 茶 量：	容器的1/2
泡茶水温：	95~100℃
冲泡时间：	1~2分钟

黄金桂

未尝清甘味，先闻透天香

黄金桂原产于安溪虎邱罗岩村，是乌龙茶品种中发芽最早的一种，每年4月中旬采摘，外形"细、匀、黄"，香高味醇，奇特优雅，有"一早二奇"之誉，又有"清明茶"、"透天香"之称。

特　　点： 条紧细卷曲、匀整，色泽金黄油润，汤色金黄明亮，带桂花香，滋味醇细甘鲜

投 茶 量： 容器的1/4

泡茶水温： 100℃

冲泡时间： 1分钟左右

凤凰单枞

浓郁花香，甘醇爽口

凤凰单枞产于广东潮州凤凰山，采摘旺季为每年的清明至谷雨期间，此时茶叶品质最佳。凤凰单枞千姿百媚，带有天然花香，以香型不同区分，素有"形美、色翠、香郁、味甘"四绝之誉，还具备独特的"山韵"，尽显"香、甘、活"之特性。

特　　点： 条索粗壮、匀整，色泽黄褐、有朱砂红点，汤色黄亮，花香浓郁，滋味甘醇爽口

投 茶 量： 容器的1/3

泡茶水温： 95~100℃

冲泡时间： 30~60秒

文山包种

北文山、南冻顶

文山包种产于台湾地区北部的台北市及桃园县等，其中以台北文山地区所产制的品质最优，香气最佳，因其具有清香、舒畅的风韵，又叫"清茶"，是台湾乌龙茶种发酵程度最轻的清香型绿色乌龙茶。

特　　点： 条索紧结、叶尖呈自然弯曲，色泽呈深绿、蛙皮色，汤色金黄，幽雅芬芳，醇爽有花果味

投 茶 量： 容器的1/2

泡茶水温： 90~95℃

冲泡时间： 30~60秒

黄茶

中国茶中具有丰富高雅风味、观赏性极强的一类茶，属轻发酵茶类，加工工艺近似绿茶，但增加了一道"闷黄"的工艺，促使茶叶中的茶多酚、叶绿素等物质氧化，形成黄叶、黄汤的品质，这是黄茶的主要特征，也是它同绿茶的本质区别。

黄茶按照鲜叶的嫩度和芽叶的大小，可分为黄芽茶、黄小茶和黄大茶三大主要的种类。黄芽茶著名品种有君山银针、蒙顶黄芽和霍山黄芽等，黄小茶有雅安黄茶，黄大茶则有广东大叶青等。

功效

黄茶含有近30种氨基酸、多种维生素，以及硒、镁、消化酶等物质，在助消化、提高食欲、减肥瘦身、抗疲劳、延缓衰老等方面有一定的保健作用。

君山银针

金镶玉色尘心去，川迴洞庭好月来

君山银针产于湖南省岳阳洞庭湖中的君山，只在清明前后7~10天采摘。君山银针内面金黄，外层满批白毫，有"金镶玉"之雅称，冲泡时有茶叶"三起三落"，冲泡后如黄色羽毛一样根根竖立，有"黄翎毛"之美名。

特　　点：芽壮多毫，条直匀齐，金黄发亮，汤
　　　　　色杏黄明净，清香浓郁，甘甜醇和
投 茶 量：1茶匙
泡茶水温：75~85℃
冲泡时间：每泡15~30秒

蒙顶黄芽

"五不采"的茶中珍品

蒙顶黄芽产于四川省雅安市蒙顶山，是蒙山茶极品中的极品，每年春分时节选取肥嫩壮芽采摘，并遵循"五不采"的原则：紫芽不采、病虫害芽不采、露水芽不采、瘦芽不采、空心芽不采。

特　　点：芽条匀整，扁平挺直，色泽嫩黄，汤
　　　　　色黄中透碧，甜香鲜嫩，鲜爽回甘
投 茶 量：1茶匙
泡茶水温：75~85℃
冲泡时间：每泡15~30秒

霍山黄芽

细啜慢酌的味香醇

霍山黄芽产于安徽省霍山县，在每年清明前后开采。霍山黄芽之奇，在于其芳香物质含量丰富，故而香气独特，余味悠长，被誉为茶中精品。

特　　点：条直微展，嫩绿披毫，形似雀舌，汤
　　　　　色嫩绿，鲜醇、浓厚、回甘
投 茶 量：1茶匙
泡茶水温：75~85℃左右
冲泡时间：每泡15~30秒

北港毛尖

高贵典雅，邕湖珍茗

北港毛尖产于湖南省岳阳市北港和岳阳县康王乡一带，每年清明节后5~6天采摘。其不仅必须在晴天采摘，而且虫伤、紫色芽叶、鱼叶及蒂把均不能采，并要严格做到随采随制。

特　　点：芽壮叶肥，毫尖显露，汤色金黄，香
　　　　　气清高，滋味醇厚
投 茶 量：1茶匙
泡茶水温：75~85℃
冲泡时间：每泡15~30秒

黑茶

我国特有的茶类，通常被制成紧压茶，主要品种有湖南安化黑茶、湖北青砖、四川边茶、广西六堡茶、云南普洱茶等，主要供应少数民族地区，又称边销茶。

因所选材料粗老，制作时堆积发酵时间较长，使得茶叶外观黑褐油润，故而称为黑茶。黑茶是发酵后的茶叶，所以存放时间越长，香气越浓，这也是黑茶有别于其他茶叶的特色。

功效

黑茶含有较多的咖啡因、维生素、茶多糖、儿茶素类、茶黄素、茶氨酸等物质，有助消化、解除油腻、降脂、减肥、降血压、降血糖等保健作用。

🫖 普洱茶

休道灵芝草，何如普洱茶

普洱茶产于我国云南省，分生茶和熟茶。普洱茶之奇，在于存放越久，茶香越醇，品质越佳，其也因此被称为"能喝的古董"。

特　　点： 条索粗壮肥大；生茶呈墨绿、褐绿色，熟茶呈褐红或深栗色；生茶汤呈浅黄绿色，熟茶汤色红浓透明；生茶香气高锐，熟茶有陈味芳香；生茶苦涩，熟茶醇厚回甘

投 茶 量： 容器的1/3

泡茶水温： 90~100℃

冲泡时间： 1分钟左右

🫖 六堡茶

红浓如琥珀，殊香似槟榔

六堡茶产于广西苍梧县六堡乡，每年3月至11月采摘，以"红、浓、陈、醇"四绝及特殊槟榔香的品质风味著称，并且耐储存，茶越陈味越醇厚，有一种悠长的"茶气"。

特　　点： 条索尚紧，黑褐光润，陈化后带"金花"，汤色红浓，香气醇陈、有槟榔香味，滋味醇和爽口、略感甜滑

投 茶 量： 容器的1/3

泡茶水温： 90~100℃

冲泡时间： 1分钟左右

🫖 湖南黑茶

黑砖如玉，常饮得长生

湖南黑茶产于湖南省安化县，以白沙溪茶厂的生产历史最为悠久，品种最为齐全。湖南黑茶分"三尖"、"三砖"、"花卷"系列，又分1~4级，并且以产量甚多、品类丰富、质量优良的特点，被称为"中国古丝绸路上的神秘之茶"。

特　　点： 条索紧卷、圆直，第1~4泡汤色橙黄明亮，松烟味较浓，微涩；第5~10泡汤色金黄明亮，清香滑爽，甜醇而不腻

投 茶 量： 容器的1/3

泡茶水温： 90~100℃

冲泡时间： 1分钟左右

白茶

中国茶类中的特殊珍品，采摘后不炒不揉，只通过萎凋和干燥这两个简单的步骤做成的茶。之所以称之为白茶，是因为白茶的叶尖和叶背面有一层白色的茸毛。

白茶的主要品种有白毫银针、白牡丹、贡眉、寿眉等。尤其是白毫银针，披满白色茸毛，形状挺直如针，外形优美。白茶还有可长期存储的特点，随着贮藏时间的延长，白茶的味道由最初清新、阳光的味道，逐步变成汤色红浓、滋味甘醇、散发着独特药香的好茶。

功效

白茶含有较多的茶多酚、咖啡因、氨基酸、茶多糖、黄酮类化合物、各类芳香烃和芳香醇物质等，有降血压、降血脂、降血糖、抗病毒等保健作用。

🫖 白毫银针

北苑灵芽天下精，要须寒过入春生

白毫银针产于福建省政和县、福鼎市，福鼎生产的白毫银针品质最佳，于每年清明节前10~15天采摘。白毫银针用料高端，制作工艺考究，有着"银针入盏，如同落霜"之意境，又有"茶中美人"之美誉。

特　　点： 芽头肥壮，白毫密披，挺直如针，色白如银，汤色杏黄，毫香清鲜，滋味爽口

投 茶 量： 1茶匙

泡茶水温： 75~85℃

冲泡时间： 5~10分钟左右

🫖 白牡丹

红装素裹，美若牡丹

白牡丹产于福建省政和、建阳、松溪、福鼎等县，每年清明节前后开采，谷雨前结束。因为茶的绿叶夹银白色的毫心，形状好似花朵，冲泡后绿叶托嫩芽，宛如牡丹蓓蕾初放，故称白牡丹茶。

特　　点： 两叶抱一芽，叶色灰绿，夹银白毫心，茶汤杏黄或橙黄，清醇微甜，毫香鲜嫩持久

投 茶 量： 1茶匙

泡茶水温： 75~85℃

冲泡时间： 1分钟左右

🫖 贡眉

性清凉，解毒又败火

贡眉白茶产自福建省建阳、福鼎、政和、松溪等县，以菜茶茶树的芽叶制成，其性寒凉，有清凉解毒、明目降火的奇效，可治"大火症"，是夏日解暑的佳品。

特　　点： 毫心明显，茸毫色白且多，色泽翠绿，汤色呈橙色或深红色，滋味醇爽，香气鲜纯

投 茶 量： 1茶匙

泡茶水温： 75~85℃

冲泡时间： 3分钟左右

花茶

是以六大基本茶类为原料，加鲜花窨制而成。窨制是指将鲜花和经过精制的茶叶拌和，茶叶在静止状态下缓慢吸收花香，筛去花渣后，将茶叶烘干，故而花茶集茶味与花香于一体，茶引花香，花增茶味，相得益彰，茶叶既保持了浓郁爽口的茶味，又带有鲜灵芬芳的花香。

花茶可细分为花草茶和花果茶，又可根据香花品种分为茉莉花茶、玉兰花茶、桂花花茶、珠兰花茶等。

功效

花茶含有较多的茶多酚、咖啡因、维生素、类黄酮、鞣质、镁、钙、磷、铁、钾等物质，有增强抵抗力、预防心血管疾病、利尿、促进新陈代谢等保健作用。

🫖 玫瑰花茶

润养美人身心

　　玫瑰花茶主要产于广东、福建、浙江、山东、云南等省，有玫瑰红茶、玫瑰绿茶、九曲红梅等品种。玫瑰花茶外形优雅艳丽，花香扑鼻，而且有较高的药用价值，自古就是调理气血的好手，有"食之芳香甘美，令人神爽"之誉。

特　　点：单朵花苞或花瓣，汤色淡红或深红，
　　　　　花香浓郁，味道甘甜
投 茶 量：5~7朵
泡茶水温：85~95℃
冲泡时间：2~3分钟

🫖 茉莉花茶

窨得茉莉无上味，列作人间第一香

　　茉莉花茶主要产于福建福州、福鼎，浙江金华，江苏苏州，安徽歙县、黄山，广西横县，重庆等地，因产地不同，其制作工艺与品质也不尽相同，其中较为著名的有龙团珠茉莉花茶、政和茉莉银针、金华茉莉花茶。

特　　点：紧秀匀齐、细嫩多毫，色泽深绿，香气
　　　　　浓郁、口感柔和、不苦不涩
投 茶 量：容器的1/10
泡茶水温：视茶坯而定，如果茶坯为绿茶则水温
　　　　　在75~85℃；如果茶坯为乌龙茶则必
　　　　　须使用沸水
冲泡时间：2~3分钟

玳玳花茶

花茶新秀

玳玳花茶主要产于浙江、江苏、福建等省，较为著名的品种有金华玳玳花茶、苏州玳玳花茶和福州玳玳花茶。玳玳花茶香味独特，并且有开胃、通气的药理作用，被誉为"花茶小姐"。

特　　点：	条索细匀，色泽呈黄色或深绿色，汤色黄绿，香味醇，微苦	
投 茶 量：	5~7朵	
泡茶水温：	90~95℃	
冲泡时间：	3~5分钟	

桂花茶

浓香淡雅总宜人

桂花茶由桂花和茶叶窨制而成，主要产于广西桂林、湖北咸宁、四川成都、重庆等地，分桂花烘青、桂花乌龙、桂花红碎茶、桂林桂花茶、贵州桂花茶、咸宁桂花茶等品种。

特　　点：	条索状或颗粒状，色泽墨绿或褐色，有的点缀金黄桂花，汤色绿黄或红亮，醇香、回甘	
投 茶 量：	1茶匙	
泡茶水温：	80~90℃	
冲泡时间：	3~4分钟	

冲泡中国茶的茶具

　　中国茶品类繁多，品茶时讲究色、香、味、形，好的茶器是茶道中最富表现力的载体。茶具不仅是盛茶的器皿，而且是构成中国茶文化的不可或缺的一部分。

煮水用具

煮水壶

有电热水壶、玻璃壶、铁壶、陶瓷壶等。

电热水壶

玻璃壶

铁壶

陶瓷壶

泡茶用具

茶壶、盖碗

用于泡茶的常用器具。

茶壶

盖碗

飘逸杯

与传统冲泡用具有别的现代泡茶用具。

玻璃杯

茶杯

直接冲泡茶叶的瓷杯或玻璃杯。

瓷杯

分茶用具

公道杯
又称茶海或茶盅,用于均匀茶汤、分茶。

品茶用具

品茗杯
用于喝茶,杯子较矮。

闻香杯
用于闻茶香,杯子较高。

备茶用具

茶荷
用于盛放待泡干茶,也可用于展示、观赏,质地多为瓷质。

茶叶罐
用于储存茶叶。

茶盘
用于盛放茶具、排水。

辅助用具

壶承
用于盛放茶壶。

杯垫
用于放置茶杯、敬茶。

茶巾
用于清理茶桌。

水洗
用于清洗茶杯或盛放茶渣水。

茶道六用

茶筒和放在茶筒里的茶夹、茶漏、茶匙、茶则、茶针，称为"茶道六用"。

茶针
主要用来疏通壶嘴。

茶匙（茶勺）
用于从茶罐或包装袋里取茶叶，置于茶荷或泡茶用具中。

茶漏
壶口较小的时候，可以放到壶口上起到一个漏斗的作用，防止茶叶掉落壶外。

茶夹
可将茶渣从壶中夹出，也常用来夹着茶杯洗杯，防烫又卫生。

茶则
将茶从茶罐取出置于茶荷或茶壶时使用的工具。

茶筒
用来盛放茶针、茶匙、茶漏、茶则以及茶夹等的器具。

中国茶的冲泡方法

"茶亦醉人何必酒，书能香我无须花"。一杯炒茶馨香迷人，犹如佳人，让人沉醉。然而，不同的茶叶有不同的茶性，泡好茶却不是易事，需顺应茶性，讲究方法，才能最大程度发挥茶的色、香、味。

🫖 选对茶具

通常，饮用红茶可选用有盖的壶、杯或碗泡茶；饮用乌龙茶，宜用紫砂茶具泡茶；饮用红碎茶与工夫红茶，可用瓷壶或紫砂壶来冲泡，将茶汤倒入白瓷杯中饮用。如果品饮西湖龙井、洞庭碧螺春、君山银针、黄山毛峰等细嫩绿茶，则用玻璃杯直接冲泡最为理想。至于其他细嫩名优绿茶，除选用玻璃杯冲泡外，也可选用白色瓷杯冲泡饮用。

茶具的选用也需因人制宜。例如：泡一人份，可以用盖碗和盖杯；上班族办公室泡茶，可以用普通瓷质水杯和飘逸杯；招待客人，可以用工夫茶具。

绿茶可以用玻璃杯冲泡。

黄茶、白茶以及绿茶可以用盖碗冲泡。

黑茶、红茶和乌龙茶可以用紫砂壶冲泡。

🫖 控制好投茶量

茶叶的量与茶叶种类、泡茶器具、饮用习惯等有关。用杯泡茶，茶叶和水的比例一般为1:50，以200毫升的杯子为例，投3克左右茶叶，冲水七八分满即可。用壶泡茶，需因茶制宜。细碎的茶叶出汤快，茶叶量宜少；全叶片型的绿茶、白茶、黄茶，色、香、味相对淡，茶叶量可多一些；黑茶、红茶等茶茶香浓烈，量相对少一些。

择好泡茶水

常用的泡茶水有自来水、纯净水、矿泉水和泉水。自来水也可以用来泡茶，不过其中的氯对茶的品质有很大影响，所以要想泡茶最好先静置一晚，充分烧开后再用来泡茶。纯净水和矿泉水，直接烧开即可泡茶。自己从野外取的山泉水，杂质较多，最好也经过静置或者过滤后再用来泡茶。

调好水温

水为茶之母，水的温度对于茶性的发挥至关重要，不同的茶因为发酵程度的不同，需要泡茶的温度也就不同。绿茶最嫩，泡茶时，需要用温度较低的水来泡，乌龙茶次之，普洱是深发酵茶，需要用沸水冲泡甚至需要煮。

控好时间和次数

茶叶种类、投茶量、泡茶水温、浸泡时间等，都会影响到茶的香气、汤色及滋味。一般来说，用杯泡细嫩绿茶，2~3分钟即可，可冲泡2~3次；用壶泡比较粗老的黑茶、乌龙茶，泡茶所需的时间稍长，可多次冲泡。

茶叶的量、水温和冲泡时间、次数

茶叶种类	茶叶的量	泡茶水温	冲泡时间	冲泡次数
绿茶	依茶叶形状而定，一般为容器容量的1/10	75~85℃	15~30秒	2~5泡
红茶	容器容量的1/10左右	90~100℃	1~2分钟	5~6泡
乌龙茶	茶叶泡开后可以装满容器	90~100℃	1~2分钟	5~8泡
黄茶	容器容量的1/5左右	75~85℃	1~5分钟	4~5泡
黑茶	容器容量的1/10左右	90~100℃	1分钟	5~6泡
白茶	容器容量的1/5左右	75~85℃	1~10分钟	3~4泡
花茶	依茶叶而定，容器容量的1/10~1/3	75~85℃	泡开即好	3~4泡

用紫砂壶泡茶的方法

  饮中国茶，一把好壶必不可少。常见茶壶的种类有紫砂壶、瓷壶、玻璃壶等，其中紫砂壶最受欢迎，其容量小，能完美保留茶的色、香、味，是细品工夫茶之上选茶具。

  工夫茶是中国茶艺中最具代表性的一种。"工夫"，指做一件费时耗力，同时还要细微、精致、考究的意思，也用来指在某方面有特别的造诣。泡工夫茶亦是如此，工夫茶的沏茶品饮，既要细心、熟练地把每个简单的细节做到细致，还要举止优雅，营造茶香袅袅、情趣满怀的氛围。

  "心闲手敏工夫细"，喝工夫茶，少不了"工夫茶器"。那就选一把紫砂壶，泡一壶馨香好茶，慢慢品饮，好不惬意！

适用茶叶：红茶、乌龙茶、黑茶等
使用茶具：茶盘、紫砂壶、茶道组具、公道杯、品茗杯、过滤网和滤网架等

1 温具

把热水分别倒进茶壶、茶海、茶杯，盖上茶壶盖，以提高茶具的温度。

2 置茶

掀开壶盖、放好，右手取茶荷放于左手，用茶匙尖端把茶荷中的茶叶引入茶壶中。

3 温润泡

掀开茶盖置于盖托上；将热水倒满茶壶；用茶壶盖刮一下水面上的茶末，顺势盖上茶壶盖；迅速将茶汤倒进茶海。

4 冲泡

掀开茶壶盖放好，将热水倒满茶壶，盖上茶壶盖。

5 淋壶

将茶汤自上而下均匀淋在壶身上，然后静待壶身干透。在第一泡茶以后，可直接用煮水器中的热水淋壶。

6 干壶

将壶提起，左手虚托底部，在铺好的茶巾上轻轻一按即可，切勿来回拖动或者拿起茶巾擦拭。

7 出汤

右手拿起茶壶，把茶汤倒进茶海里。

8 倒水

右手持茶夹，从左到右，将茶杯逐一轻轻向右侧翻转，把前面温杯的水倒入茶盘，然后把茶夹归位。

9 分茶

把公道杯里得到沉淀的茶汤均匀地分入品茗杯，共来回三次，目的是为了使每一杯的茶汤浓淡均匀。

10 品饮

右手扣杯，由远而近置于鼻端，仔细闻一下香味；然后再由近及远观赏其汤色，最后才浅啜细品其汤。

【 如何挑选一把好壶 】

如何挑选一把好壶，不只是紫砂新手的难题，对有丰富冲泡、品鉴经验者而言，同样也是需要讲究方法的。

挑选紫砂壶，第一看泥质，不论它是哪种泥色，都应具有纯净温润的感觉，而且看上去色泽鲜洁。

二看壶盖。在壶中倒入大半壶水，盖上壶盖，用水淋一下壶盖，然后用手指堵住壶盖上的出气孔，水要流不出来；然后用手指堵住壶嘴，把壶倒过来，壶盖掉不下来；这都说明壶的气密性很好。在壶中倒入约3/4的热水，然后向外倒，全部倒空；会发现，水流出来一段距离以后水柱会散开，水柱未散的集束段越长越好。

三看壶底，看其是否平整。

一把好的紫砂壶，除了它的形态美外，要达到形神兼备，气质要好，有了内在气质，才可久玩不厌，越用越有通灵之感。

用瓷壶泡茶的方法

　　相比于紫砂壶的古朴厚重，很多家庭常用的瓷壶显得更平易近人。用来泡茶的瓷壶多为白瓷，最宜用来泡红茶。红茶属于发酵程度较高的茶，需要的水温最高，而瓷壶能很好地锁住温度。红茶泡好后，倒入白瓷杯中，汤色红如琥珀，甚是赏心悦目！

　　瓷壶不仅可以用来泡红茶，也可以用来泡其他茶，无论或橙或红或绿的茶汤，它都能润茶色，增茶韵。

适用茶叶： 所有茶类
使用茶具： 茶盘、瓷壶、茶道组具、茶海、茶杯、过滤网等

1 温壶
将沸水以画圈方式倒入瓷壶中，直至倒满，然后盖上盖子，放置5秒左右。

2 温杯
将热水倒入茶杯中，放置片刻。

3 投茶
用茶匙把茶荷中的红茶轻轻拨入茶壶中。

4 润茶
向壶中注入少量开水，并迅速倒入水盂中。

5 冲泡

高冲水至满壶，等2分钟左右。

6 出汤

将泡好的茶汤倒入公道杯中，控净茶汤。

7 温杯、倒水

用热水温烫品茗杯，将温杯的水倒进水盂。

8 分茶

将公道杯中的茶汤分到各个品茗杯中。

9 品茗

轻嗅茶香，然后含一小口，细细品味茶香。

用盖碗泡茶的方法

　　盖碗，又称"三才碗"、"三才杯"，盖为天、托为地、碗为人。盖碗又有"万能茶具"之誉，可直接泡茶，一人独饮，亦可当壶，分杯供多人饮用；在家可随喝随泡，外出方便携带。

　　中国人品茶，讲究"察色、嗅香、品味、观形"缺一不可。盖碗泡茶之妙，在于碗盖。泡茶时盖上碗盖，能锁住茶香；喝茶时打开碗盖，可闻茶香、看叶底；用碗盖在碗口刮几下，使茶水翻滚、茶叶飞舞，轻刮则淡，重刮则浓，甚是美妙。

适用茶叶： 绿茶、乌龙茶、白茶、黄茶、花茶等

使用茶具： 盖碗、茶道组具、茶海、品茗杯、过滤网、烧水壶等

1 准备

先将水烧至沸腾。用茶匙将适量茶叶拨入茶荷之中。

2 温具

向盖碗中注入烧沸的开水，将温盖碗的水倒入公道杯后，再倒入品茗杯。

3 投茶
用茶匙把茶荷中的祁红轻轻拨入盖碗中。

4 润茶
向盖碗中注入少量开水，约盖碗的1/5润茶。

5 冲泡
高冲水，至盖碗的七分满，冲泡大概2~3分钟。

6 出汤
将泡好的茶汤倒入公道杯中，控净茶汤。

7 分茶

将公道杯中的茶汤分到各个品茗杯中。

8 品茶

轻含一小口茶，用舌尖细品茶香茶味。用盖碗喝茶，可用碗盖轻刮茶汤，闻香观色，调整浓度。

【 如何挑选一款不烫手的盖碗 】

要想泡出一道好茶，一款得心应手的茶器必不可少。盖碗虽简单实用，但如果挑不好，在泡茶时稍有不慎就容易被烫到。现在，我们就来说一说如何挑选一款不烫手的盖碗。

挑选盖碗，一看弧度。盖碗杯身有一定的弧度，外翻的弧度越大越容易拿取，还可缓解热量传递的速度，冲泡时不易烫手。

二看碗盖和碗口的距离。碗盖放入盖碗中，保持一定的距离，可阻断热量的传播，使碗口的温度不会太高，这样易于拿取。

三看盖碗两边的距离。通常食指按在盖帽上，大拇指和中指握住盖碗左右两边，能轻松拿起，说明比较合适，这样手触碰到盖碗的面积相对小，就不会过于烫手。

四看茶盖厚度。使用盖碗时，需用一手拇指和中指按住茶盖，用另一手大拇指和中指握住碗口，茶盖厚一些，才能阻挡热量的传递。

用玻璃杯泡茶的方法

喝中国茶，一定要注意观察茶叶在水中翻滚的姿态，而透明的玻璃杯，正是赏茶的好道具。用玻璃杯来泡茶，投入茶叶，注入滚热的水，茶汤的颜色，茶叶的姿态，以及茶叶在水中辗转沉浮、缓缓舒展，或花蕾在水中华美绽放，都能尽收眼底，既养眼又养心。

用玻璃杯泡茶，能赏尽茶之优雅，但也需因茶制宜。绿茶质嫩，用玻璃杯泡茶时不加盖，能最大程度地留住绿茶的青绿之色和优雅香气。泡白茶、黄茶时水温相对低，用玻璃杯泡茶时最好加盖，以利茶叶舒展、茶香聚拢。

适用茶叶： 绿茶、白茶、黄茶、花茶等
使用茶具： 透明玻璃杯、茶道组具、烧水壶

1 温具
向杯中倒入少量热水，再将温杯的水倒入水盂中。

2 加水
冲水至杯的三成满。

3 投茶
将干茶投入杯中。

4 冲泡
将水冲至杯的七成满即可。

5 欣赏
观赏茶舞。

6 品饮
拿起玻璃杯，轻嗅茶香，然后轻轻吹动浮在茶杯上的茶叶，小口啜饮。

用盖杯泡茶的方法

　　想喝一壶好茶，不一定要用复杂的茶具，一个简单的盖杯就可以。筒状的杯身，搭配一个茶漏和一个盖子，就是一个盖杯。盖杯组成简单，使用也简便，办公室、图书馆、家中，都能用它随手泡杯想喝的茶。随喝随泡，这是盖杯的妙处，也是中国茶之魅力所在。

　　盖杯材质种类较多，比较常见的有瓷器类和紫砂类。瓷器盖杯传热快，绿茶和白茶需要用温度稍低的热水冲泡，用瓷器盖杯最合适不过了。紫砂盖杯保温性好，适合于需要高温冲泡的乌龙茶、花茶等。

适用茶类：绿茶、白茶、黄茶、花茶、乌龙茶等

使用茶具：盖杯、烧水壶

1 温杯

将热水倒入盖杯中，摇动杯身以温热盖杯，然后倒掉热水。

2 放茶

将茶漏放入盖杯中，倒入茶叶，茶叶的量约为茶漏的1/5。

3 倒水

以画圈的方式，沿着茶漏周边倒入热水，倒至八分满。泡绿茶、白茶、黄茶时需使用略低温度的水，泡花茶、乌龙茶时需要用沸水。

4 品饮

倒好水后，加盖闷泡。一般绿茶和花茶闷泡2~3分钟，白茶、黄茶闷泡2~10分钟，乌龙茶闷泡1~3分钟。打开盖子，拿出茶漏，就可以饮用了。喝茶时宜小口慢饮，方能感受茶之美。

喝中国茶，配中国茶点

　　"点心"一词，最早出自于唐代，饮茶佐以点心，在唐代开始流行；宋元时期，各种茶肆和休闲茶坊如雨后春笋般出现，茶点更加多元化，多以面食为主；而到了明清，散茶撮泡法开始流行，喝茶变得更加普及，几乎所有点心都可以被称为茶点。

🫖 选择茶点的原则

茶点要适应茶性

　　有行家总结为茶点的搭配原则为以下三点："甜配绿，酸配红，瓜子配乌龙。""甜配绿"，即甜食搭配绿茶，如用各式甜糕、凤梨酥等配绿茶；"酸配红"，即酸的食品搭配红茶，如用水果、柠檬片、蜜饯等配红茶；"瓜子配乌龙"，即咸的食物搭配乌龙茶，如用瓜子、花生米、橄榄等配乌龙茶。

茶点要有观赏性

　　茶叶的茶形、茶色各不相同，用不同的食物相伴，可以形成视觉上的和谐美。例如：龙井的茶汁清澈轻盈，水晶饺是佳配；普洱的茶汁沉稳厚重，配牛肉干最好不过。

适合红茶的茶点

　　红茶的味道较为醇厚，为抵消其略带苦涩的口感，可以配一些苏打类或带咸味、淡酸味的点心，如果脯、柠檬片、酸枣糕、乌梅糕、话梅等。

酸枣糕

果脯

柠檬片

话梅

乌梅糕

适合绿茶、花茶的茶点

绿茶、花茶鲜爽，可以搭配甜的点心，像绿豆糕、山药糕等清甜爽口的点心，就是不错的选择。

绿豆糕

山药糕

适合黑茶的茶点

黑茶厚重，喝多了容易有饥饿感，而热量较高的点心能让肠胃得到较为妥帖的安慰。黑茶的味道也能很好地包容甜度高和偏油的点心，使得甜点在入口后不腻。如普洱可以搭配含油的酥饼，或各类肉制品如肉干、肉脯等。

肉脯

肉干

酥饼

适合乌龙茶的茶点

乌龙茶口感温润、浓郁，茶汤过喉徐徐生津。为较好地保留茶的香气，不破坏茶汤的口感和滋味，可以搭配一些淡咸口味或咸甜口味的茶点，如瓜子、花生、杏仁、开心果、腰果、豆腐干、芸豆卷、兰花豆等。

豆腐干

芸豆卷

瓜子

杏仁

适合黄茶、白茶的茶点

　　黄茶、白茶都属于半发酵茶，宜搭配甜度高的点心。半发酵茶汤汁滑润，可以搭配巧克力，或是重乳酪蛋糕、奶酥、甜甜圈、苹果派、绿豆糕等。

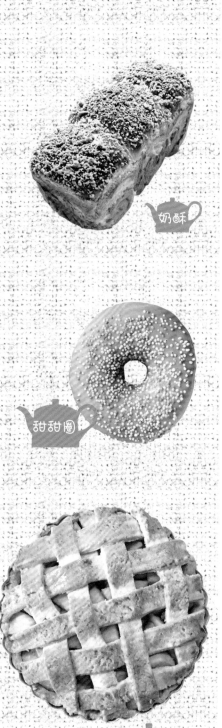

奶酥

重乳酪蛋糕

甜甜圈

巧克力

绿豆糕

苹果派

中国茶的挑选与保存方法

　　如今茶叶已经"飞入寻常百姓家"，然而茶叶名品众多，形态口味各异，选购和保存亦是学问。

🫖 中国茶的挑选

巧辨新茶与陈茶

　　酒是越陈越香，但茶叶则不一定，除了普洱等少数茶品，大多数茶越陈越次。人们习惯称每年初春上市的暮茶为"新茶"，我们这里所说的新茶是指当年采制的茶叶。

◇ **外形的差别**

　　新茶： 新鲜油润、青气重、色泽较碧绿，茶褐素少，条索匀称而疏松。

　　陈茶： 因经氧化，久放后叶绿素分解，外观灰暗、干枯无光，茶褐素增多，条索杂乱而干硬。

【 新陈绿茶外形差别 】

新绿茶：呈嫩绿或翠绿色，表面有光泽。

陈绿茶：灰黄，色泽晦暗，枯灰无光。

【 新陈红茶外形差别 】

新红茶：色泽油润或乌润。

陈红茶：色泽灰褐或灰暗。

◇ **手感的差别**

　　新茶： 手感干燥，用手指捏干茶叶或放于手掌心捻，茶叶即成粉末。

　　陈茶： 手感松软、潮湿，一般不易捻碎。

◇ **汤色的差别**

　　新茶： 冲泡后，叶芽舒展，汤色清澄，闻之清香扑鼻。

　　陈茶： 冲泡后，芽叶萎缩，汤色暗浑，闻之则香气低沉。

◇ **茶味的差别**

　　新茶： 饮用新茶，舌感醇和清香、鲜爽。

　　陈茶： 饮用陈茶，舌感淡而不爽。

色香味选茶法

　　要想泡好茶，茶叶挑选尤其关键。中国茶品类繁多，无论什么样的茶品，在选择的时候都需从色、香、味、形这几个方面进行挑选。

◇色

　　色分两个方面，一是茶叶的颜色，二是茶汤的颜色。比如红茶以乌褐而带油润、含较多橙黄色芽尖者为佳，叶色暗黑或表面发灰者质量差。绿茶以翠绿有光泽，含较多白毫者为佳，色泽发黄、发紫、暗淡者为差；冲泡后，汤色以浅而明亮、清晰者为优；深、浑且发暗者为劣。

◇闻香

　　香也分两部分，即茶叶的香气与茶汤的香气。抓把干茶贴近鼻子，香气浓郁纯正者为佳。或抓把干茶放在掌心上，用嘴呵气使茶叶受热而散发出真味来，香气越持久者越好；如散发出青草味或霉、馊、烟等异味则不要购买。

　　花茶应既有茶香，又具窨花之香。如花香压过茶味，说明质量不佳；如只有茶味而无花香，表明未经窨制。冲泡后，香气浓，冷却后仍能嗅到余香者为佳，香气淡或带粗老之气者为差。

◇味

　　冲泡后的茶汤，红茶以醇厚、鲜香、上口即感甜爽者为优，带苦涩味者劣之；绿茶以深醇鲜爽，上口略感苦涩，饮后具鲜甜回味的为好，回味越浓、越久者越佳，而粗涩、无回味、先苦后也苦者为劣。

◇形

　　茶叶的外形有条形、短碎、针形、球形、片形、卷曲形等，挑选时应从茶叶的净度、整碎匀度、条索松紧等方面进行挑选。

庐山云雾　　　　　　　川红工夫　　　　　　　茉莉花茶　　　　　　　白毫银针

【挑选茶叶要检查这几项】

1. 茶叶里的杂质多不多?

茶中所含泥沙、草叶等非茶类杂质及茶叶梗片、叶柄、种子越多,则质量越差。

2. 茶叶的大小是否均匀?

操作方法:将茶倒入盘内(覆盖厚度约1cm),双手端茶盘循一定方向旋转数圈,使不同形状的茶叶在盘内分出层次,粗大而轻飘的浮上面,细小碎末的沉盘底,中层的大小较均匀。中层茶越多,匀度越好;面上粗叶与盘底细小碎末所占比例大,则匀度差。

3. 条索松还是紧?

条索紧结而重实者质优,粗而松、细而碎者质差。比如绿茶中珠茶则以颗粒紧结、细圆如珠者为佳,扁形条(例如龙井、旗枪)以扁平、光滑、挺直为佳。

🫖 中国茶的保存

再好的茶叶，如果保存方法不当，也会很快变质；尤其是在家中，茶叶的数量较少，开启次数较多，茶叶保存起来有一定难度。眼看着自己喜欢的名贵好茶变得淡然无味，确实是件让人伤心的事。

茶叶保存的关键是：防压、防潮、密封、避光、防异味。家庭存茶，也要遵循这种方法。

陶坛藏法

通用的包装材料。贮茶时应选择厚实、强度好、无异味的塑料袋，放入茶叶密封即可。这种方法可与盒藏法混合使用。

冰箱藏法

用冰箱贮藏茶叶，具体方法是：用牛皮纸或其他较厚实的纸把茶叶包好，放入陶瓷坛内的四周，中间放石灰包以防潮，并用棉花垫于盖口，减少空气交换。

冰箱藏法贮茶效果好，但比较麻烦，适合较大量、长时间的存茶，而且一定要注意把茶叶密封好，要不然茶叶很容易变成冰箱的"除臭剂"。

罐藏法

大多数家庭采用这种方法，即把茶叶放在金属或纸制的罐里密封，使用这种方法储存茶叶取用时十分方便。为了使罐内保持干燥，也可以放入1~2小包干燥剂。

袋藏法

塑料袋是当今最普遍和通用的包装材料。贮茶时应选择厚实、强度好、无异味的塑料袋，放入茶叶密封即可。这种方法可与盒藏法混合使用。

第二章

日本茶

日本茶源于中国，却自成一派。蒸青的方式，使日本茶的茶色鲜嫩翠绿，茶汤味道清雅圆润。对于日本人而言，茶不仅是一种饮品，品茶还是一种平淡优雅的生活方式，浸润着每一天的生活。

日本茶的历史

唐顺宗永贞元年（公元805年）前后，日本遣唐使最澄从中国将茶子、茶树带回日本。如今，日本茶叶生产已经有一千多年的历史，亦形成了以"茶之汤"为首的独特的茶道文化，是日本文化不可或缺的组成部分。

遣唐使传入茶叶

日本茶叶的历史可以追溯到平安时代初期，也就是我国的唐代。公元805年前后，遣唐使最澄将中国茶传入日本。此后日本贵族阶层、僧侣中逐渐掀起"饮茶风"。815年左右，就有遣唐使永忠"为嵯峨天皇烹茶进献"的记录。在那之后400多年的历史里，少见有关日本茶叶的记载。

茶叶养生理念推广

一直到镰仓时代，茶叶再次进入日本——荣西禅师从当时的宋朝带回茶树种子，并在九州岛开始栽培茶叶。而后，荣西禅师写下了日本第一本茶书《吃茶养生记》。书中详细地介绍了茶叶的种类、药效、制法等，并提出喝茶以保持健康的理念。

与此同时，明惠上人将荣西禅师带回来的部分茶树种子，栽种在了栂尾山。1217年左右，明惠上人将栂尾茶苗送给京都东南郊的宇治地区，为宇治茶的栽培与推广奠定了基础。

从"斗茶"到"侘茶"

镰仓末期，饮茶文化普及日本各地，并开始流行"斗茶"。"斗茶"始于唐，盛于宋，斗茶者各取所藏好茶，轮流烹煮，品评高下。而日本的"斗茶"程序繁杂，会场豪华，装饰考究，甚至还会宴饮游乐到半夜。

1379年时，宇治茶迎来了一次改革——足利义满建造"宇治七名园"，并开始改良宇治茶。1486年时，足利义满之孙足利义政在银阁寺建造了茶室，日本茶道文化已见雏形。

随后，田村珠光创立了顺从天然、提倡朴素的"草庵茶风"，后来由千利休发扬光大，形成了融进宗教修行与幽静美学的"侘茶"。同时，茶饮的风俗从上层阶级传到了武士社会，然后逐渐走向民间。

从煎茶到寻常百姓家

进入江户时代的1632年，出现了护送献给将军家饮用的宇治新茶的队伍。到1654年，隐元禅师从明朝东渡日本，带去了当时我国盛行的"淹茶法"，即把茶叶晒干后再蒸，然后用手搓开，放入茶壶用滚水冲泡，将茶倒入茶碗饮用。

1738年前后，宇治茶农永谷宗圆开创了类似于煎茶的制法，但由于工本高而未能在当时流传，直到19世纪初才得以推广和普及。1837年，山本德翁创制了茶中极品——玉露茶。日本煎茶制作工艺与饮法自成一体，日本的茶叶作为实用品真正地进入了寻常百姓家。

进入飞速发展时期

1898年，日本静冈县生产出第一台日式全自动蒸制茶叶的机器，自此日本茶进入了新的发展阶段。1908年，日本制定了鉴定茶叶的标准，日本现代茶叶开始进入飞速发展的时期。

【日本茶年表】

平安时代初期

公元805年左右，日本遣唐使最澄将茶种带回日本，栽种在比睿山周边。

平安时代末期~镰仓时代

1191年左右，日本茶叶栽种规模扩大，九州岛开始栽培茶叶。日本第一本茶书——荣西禅师的《吃茶养生记》问世。

南北朝时代

1379年，"宇治七名园"建造，日本茶叶栽培进入繁盛时期。

室町时代

1486年，银阁寺的茶室诞生，茶道之风开始在武士之间流行；"侘茶"初见雏形。

安土桃山时代

15~16世纪，"茶之汤"形成；民间开始饮茶。

江户时代

1654年，淹茶法从中国传入日本。

1738年，煎茶制法出现，并传至全日本。

明治~大正时代

1898年左右，第一台日式全自动蒸制茶叶的机器诞生，茶叶生产由人工向机械化迈进。

1908年，日本制定了鉴定茶叶的标准。

日本茶的产地介绍

子母鍾   具刻

士新所贈

茶碗百今
浪花花月庵蔵

七十

柱髙一尺五寸 中一尺

日本的茶叶，北起秋田，南至冲绳，均有分布。因产地不同，气候、风土环境、制造方法也有所不同，故而造就了日本茶的与众不同和丰富的味道。

日本茶多以产地为名。比如，静冈出产的茶，叫"静冈茶"；宇治出产的抹茶，叫"宇治抹茶"，出产的玉露叫"宇治玉露"；还有"村上茶"、"茨城茶"等。

茨城县 茨城茶

茨城县位于日本关东地区的东北部，出产奥久慈茶、猿岛茶、内古茶等著名茶叶。茨城县所产的茶叶，茶香高远浓烈，特色鲜明。其中奥久慈茶还保留着江户时代的"手揉茶"的工艺。

静冈县 静冈茶

静冈县位于日本的中央部，处在东京和大阪之间，茶园广布，无论产量还是栽种面积都位居全国第一。静冈茶以煎茶与深煎茶为主，以挂川茶、菊川茶、天龙茶、本山茶等较为著名。

岐阜县 美浓茶

岐阜县位于日本本州岛中部，产有白川茶、揖斐茶等。因早晚温差大，朝雾润泽，该产区所产的茶叶带有清爽的香气及甘甜的口感。

三重县 伊势茶

三重县位于日本本州岛中部，是日本第三大产茶基地，茶叶产量仅次于静冈县和鹿儿岛。三重县主要出产煎茶与深煎茶，伊势茶最为有名。因收获时只采摘到二番茶，故伊势茶少涩味，多了鲜明的甘味。

新潟县 村上茶

　　新潟县是日本北部著名的产茶区，这里寒冷的时间较长，日照时间相对较短，所以出产的茶叶涩味较少，口味甘醇温和。比如高级煎茶村上茶，茶香带有雪水的清冽味道，甘甜醇厚不输玉露。

埼玉县 狭山茶

　　埼玉县是日本关东最大的茶叶产区，出产煎茶为主，其中以狭山茶最为著名。"静冈的色，宇治的香，狭山的味"，采用高温干燥的"狭山火烧"法制成的茶，香味浓郁，涩中带甘，别有特色。

爱知县 西尾抹茶

　　爱知县位于日本中部地区，从明治时代就开始生产抹茶，历史非常悠久。其中西三河地区西尾市的抹茶产量居日本第一，西尾抹茶也以颜色幽暗、深绿、茶汤口感圆润而深受人们喜爱。

冈山县 美作番茶

　　冈山县位于日本本州西南角，其东北部美作地区所产的番茶，经过蒸青、日光暴晒等方法处理后，带有亮泽的糖色和淡淡的涩味，被视为番茶中的佳品。

岛根县 伯太茶

岛根县位于日本西南部，是仅次于高知县的茶产地，拥有煎茶、茎茶、番茶等众多品种，其中伯太茶以气味芬芳、少咖啡因而广为人知。

滋贺县 近江茶

滋贺县位于日本列岛中部，其出产的近江茶风味独特，被视为煎茶中的极致。近江茶又分"朝宫茶"、"土山茶"、"政所茶"等品种，"朝宫茶"曾获得多个全国性大奖。

京都府 宇治茶

京都是日本茶道的发源地，据说日本的第一棵茶苗便是在京都宇治种下的。从镰仓时代开始，宇治一直是日本茶叶的重要产地，这里出产的宇治抹茶、宇治煎茶，以高品质而著称。

福冈县 八女茶

福冈县位于日本九州岛，是日本著名的茶产地，其中玉露的产量居日本第一。福冈县出产的茶叶，以八女茶最为著名。八女玉露少有苦味和涩味，茶香浓郁，味道醇和、甘甜，堪称茶中极品。

鹿儿岛 知览茶

鹿儿岛是日本第2大产茶大县，产量仅次于静冈县。因为地处南部，气候温和，每年新茶从4月上旬就开始上市，是日本每年最早有新茶出产的地方，其中知览茶以清新、嫩绿、味道甘醇、爽口而广为人知。

德岛县 阿波番茶

德岛县旧称阿波，位于日本西南部，出产的阿波番茶用乳酸菌发酵而成，香气清新，滋味酸甜。

高知县 碁石茶

高知县位于日本本州岛以南的四国岛的南部，所产的碁石茶是一种后发酵茶，因口味酸甜而常被用来作茶粥。

冲绳县 冲绳茶

冲绳县是日本最早的绿茶生产基地，如今仍是日本的重要产茶地，其中，东北地区的名户、国头村等地产茶量较大。

茶图鉴：从识茶到品茶

日本茶的成分及功效

在日本，流行着这样一句谚语："清晨一杯茶，福寿又安康"。茶在日本人的生活中，具有不可或缺的地位，它被认为是"万能药"，所含不少对人体有益的成分，这些成分具备提高免疫力、防止肌肤老化等效用。

日本茶中的有益成分

◆ **多酚类化合物**

多酚类化合物主要由儿茶素类、黄酮类化合物、花青素和酚酸组成，以儿茶素类化合物含量最高。它是茶叶最重要的特征性成分，决定着茶汤颜色和茶的味道。

◆ **咖啡因**

咖啡因是决定茶苦味的成分，含量越高，茶的味道也越苦。

◆ **氨基酸**

茶叶中的氨基酸种类有25种之多，其中茶氨酸的含量占氨基酸总量的50%以上。茶氨酸有安定情绪、放松神经的作用。

◆ **β-胡萝卜素**

日本茶中的β-胡萝卜素含量很高，是胡萝卜的10倍左右。β-胡萝卜素进入人体之后，会转化成维生素A。

◆ **维生素C**

日本茶中维生素C的含量高达0.5%，甚至更多，比菠菜中的维生素C含量要高出3~4倍。

◆ **维生素E**

日本茶中的维生素E含量丰富，约是菠菜的20倍。

◆ **钾**

钾有利尿、消肿的作用，在日本茶中的含量很高。

日本茶的功效

◆ 预防感冒

儿茶素俗称茶单宁，具有苦、涩味及收敛性，是决定日本茶苦味、涩味的关键。它更广为人知的是它的功用——抗病毒、抗氧化，而日本茶中，以煎茶的儿茶素含量较多。

经常喝日本茶，能利用茶汤中的儿茶素，阻挡细菌，防止病毒进入体内，预防感冒。也可以用茶汤漱口来预防感冒，因为漱口时，茶汤中的儿茶素能够覆盖在口腔黏膜上，防止病毒与口腔黏膜结合，阻断病毒进入体内。

◆ 提神醒脑，消除疲劳

提神不一定是咖啡独有的功效，喝茶也能让大脑清醒，消除疲劳。这要归功于茶叶中的咖啡因，它是一种中枢神经兴奋剂，具有提神的作用。同时它也是决定茶叶味道苦味的成分，咖啡因含量高的茶通常要苦一些。

早上起来，感觉睡不够，工作时间太长，大脑疲乏，加班熬夜，需要提神等，都可以喝一杯味道苦一些的茶，咖啡因的兴奋作用，加上苦味的刺激，都能使人头脑清晰起来。日本茶中的煎茶、番茶都是不错的选择。

◆ 预防蛀牙和口臭

日本茶中含有较多的氟化物，氟化物能坚固牙釉质，防止口腔中形成过量的酸性物，从而起到保护牙齿的作用。日本茶中的儿茶素、类黄酮有较强的抗菌活性，对导致龋齿、口臭的细菌有抑制作用。茶汤中的芳香，加上这些对口腔友好的成分，会让人在用茶汤漱口后，口气变得清新。

◆ 保护皮肤，预防衰老

日本茶中丰富的维生素A、维生素C、维生素E等成分，有抗氧化的作用，被称为"美容神器"。维生素A可保护上皮细胞组织，防止皮肤干燥；维生素C能减少黑色素的生成，预防斑点和雀斑的生成，还能促进胶原蛋白的合成，改善肤色和肤质；维生素E可促进血液循环，防止皮肤衰老，淡化细纹。

煎茶、抹茶中的维生素A、维生素C、维生素E等成分，含量尤为丰富。更为奇妙的是，这些茶中的维生素C，不像水果、蔬菜中的维生素C那样，遇热容易流失，而是具有较强的耐热性，即使是经高温热水冲泡，也能很好地留存下来，发挥它的功用。

◆ 闻茶香，放松身心

心情烦躁、紧张，不妨泡一杯茶。泡茶的过程能让人的情绪变得舒缓、平和。泡茶时，幽幽茶香不断从杯中溢出，稍微深呼吸，嗅闻茶香，能使人身心放松，心情归于平静。

日本茶中的玉露、抹茶和煎茶的新茶，茶香馥郁，颜色也很养眼，是放松心情的上选。

日本茶的种类

　　日本茶分玉露、抹茶、煎茶、番茶、茎茶、粉茶、焙茶、玄米茶这几个品种。虽然几乎都是绿茶，但因栽种方式、采摘时间、选材部位、制作工艺的不同，这些茶的香气、味道、口感各不相同，饮用的场合也有讲究。

🫖 煎茶

形似松针，美如碧玉

　　煎茶是日本目前产量最大、消费量最高的茶叶种类，由茶树顶端的鲜嫩茶芽，经过采摘高温蒸汽杀青，再通过揉捻、烘干等技术制作而成。煎茶产区较多，以静冈煎茶质量最为上乘。

特　　点：	形同松针，色泽翠绿油亮，汤色呈黄绿色，香气馥郁，味道苦涩、回甘
投 茶 量：	1~2茶匙
泡茶水温：	70℃左右
冲泡时间：	1~2分钟

　　常见煎茶采用一道茶之后采摘的二道茶叶制作。

焙茶

独特焙炒香，温润甘甜味

日本焙茶以等级较低的煎茶、番茶或者茎茶等为原料，经高温烘炒而成，呈褐色。与日本煎茶相比，它虽然少了鲜香之气，但多了浓郁的炒香，少了苦味和涩味，如谦谦公子温润如玉。

特　　　点：	茶叶较碎，干茶和茶汤都呈褐色，炒香浓郁，口感清淡、甘甜
投 茶 量：	2~3茶匙
泡茶水温：	85~95℃
冲泡时间：	30秒左右

日本焙茶咖啡因和单宁的含量很少，几乎没有苦涩味。对肠胃很温和，在吃完油腻食物后及饮酒后适合饮用焙茶。

番茶，是等煎茶用的茶叶采摘完成后，再用收割下来的剩余茶叶制作而成的。因为含氟，可用于预防蛀牙，适合饭后饮用。

番茶

清香中透着的山野风味

番茶是日本绿茶中性价比较高的一种茶叶，以较大、较粗糙、纤维含量较多的茶叶为原料制成，有京番茶、阿波晚茶、美作番茶等品类。番茶因价格低廉、茶味香浓而深受欢迎，又因茶汤可去油腻、助消化，又称"福吉茶"。

特　　　点：	茶梗、碎茶较多，色泽墨绿或深绿，汤色呈较深的黄绿色，烤香味浓，滋味醇厚
投 茶 量：	2~3茶匙
泡茶水温：	85~95℃
冲泡时间：	30秒左右

🍵 玄米茶
兼具绿茶香气与炒米芳香

玄米茶是日本极具特色的一种茶叶，将糙米炒香后，加到番茶或煎茶中制作而成，其既有绿茶淡淡的幽香，又蕴含浓浓的炒米香，别有一番风味。

特　　点：	黄绿相间，汤色黄绿明亮，兼具茶香米香，滋味鲜醇
投 茶 量：	1小袋或1茶匙
泡茶水温：	95~100℃
冲泡时间：	1分钟左右

玄米茶的炒香具有放松身心的效果。与煎茶调和的玄米茶，维生素C含量比较丰富，在美肌、治疗便秘、缓解压力等方面也有一定的效果。

因为经过"被覆"工序，所以茶叶深绿、柔软，如果用温度较低的热水冲泡，更能突显醇厚的甘味。

🍵 玉露
甘甜柔和如少女

玉露是目前日本等级最高的条形绿茶。制作玉露茶所用的茶叶，是上等茶树最细嫩、柔软的新芽，采摘后还要进行"被覆"，即在茶树刚出新芽时，用芦苇、稻草覆盖遮光20天左右，以使茶叶颜色更绿，茶味更浓。

特　　点：	外形纤细如松针，色泽呈绿色，汤色呈浅黄绿色，味道甘甜柔和
投 茶 量：	1茶匙
泡茶水温：	50~60℃
冲泡时间：	2~3分钟

🫖 茎茶

虽淡薄，亦清香

　　用茶梗制成的茶，从制作好的玉露、煎茶分拣出来的茶梗或叶柄，都统称茎茶，其中以从玉露中分拣出的茎茶为高级品。茎茶味道较淡，一般只能冲泡一次，可以直接泡茶饮用，也可以代替煎茶作茶泡饭。

特　　点：外形纤细，间有少许条形茶叶，呈绿色，汤色微黄，滋味清爽
投 茶 量：1茶匙
泡茶水温：85~90℃
冲泡时间：40秒左右

　　🫖 汤色透明，带有清香。高温（85~90℃）冲泡可令香味更加浓郁，茶茎也更加容易直立。

　　🫖 芽茶醇厚，适合提神醒脑。如果用玻璃杯冲泡，能看见被捻揉成小圆颗粒的茶叶舒展开来的身姿，十分漂亮。

🫖 芽茶

茶香浓郁鲜味足

　　芽茶是在玉露、煎茶加工过程中，分离出来的茶叶的细芽部分，香气浓厚，但也带有强烈的苦味和涩味，耐冲泡。

特　　点：外形为细小圆颗粒状，呈墨绿或深绿色，汤色深黄，香味、苦涩味强烈
投 茶 量：1茶匙
泡茶水温：85~90℃
冲泡时间：40秒左右

粉碎状的茶叶，仅以热水冲泡就可以立即冲泡出浓厚的味道。

粉茶

一遇水就香味十足

粉茶与芽茶一样，是玉露、煎茶加工过程中分离出来的一种茶，由茶叶细碎粉屑组成。粉茶具有出味快、苦味浓的特点，能快速消除海鲜的腥味，故而寿司店的"清茶"多用粉茶冲泡。

特　　点：	呈粉屑状，出味快，汤色呈深绿色，涩味、苦味浓郁
投 茶 量：	1茶匙
泡茶水温：	70℃左右
冲泡时间：	10秒左右

抹茶

最新鲜、最营养的一种茶品

抹茶是日本绿茶中的"奢侈品"，栽培方式与玉露一样，需要"被覆"；将采摘下的茶叶蒸青烘干后，再用石臼碾磨成非常细腻的粉末，即为抹茶。抹茶能喝也能吃，常用作茶道，常作为材料被加入到料理之中。

特　　点：	细腻粉末颗粒状，颜色清脆，茶香浓郁，口感甜中带着些许苦涩
投 茶 量：	1茶匙
泡茶水温：	80℃左右
冲泡时间：	搅打出丰富的泡沫即可

在茶叶中注入热水，用茶筅刷出泡沫后就可以享用了。

粉末茶

遇水即溶的煎茶

煎茶加工成粉末，即是粉末茶。粉末茶冲泡方法很简单，加入热水或清水搅拌溶解即可，而且不会产生茶渣，十分方便。也可以用牛奶冲泡，或加入料理和点心中，风味也很独特。

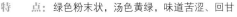

特　　点：	绿色粉末状，汤色黄绿，味道苦涩、回甘
投 茶 量：	1茶匙
泡茶水温：	60℃左右
冲泡时间：	30秒左右

冲泡日本茶的茶具

　　喝中国茶，讲究"器为茶之父"，好的茶具能够完美地衬托出茶的色、香、味、形。日本茶亦是如此，用适宜的茶具泡茶，不但能欣赏茶叶的变化，还能品尝茶叶的滋味，真是乐趣无穷。

　　日本茶具极其繁多，大至陈设架、茶炉，小至茶勺、酒杯，都称之为茶具。但日本人常说的茶具，一般指饮茶用的器具，如茶壶、茶碗、茶匙等。

烧水壶

电热水壶、玻璃壶、铁壶、陶瓷壶等，不论哪种材质，只要能把水烧沸，都可以使用。

电热水壶

陶瓷壶

汤冷

煎茶、玉露的制作原料相对细嫩，泡茶用水温度相对较低，所以常会用到汤冷。汤冷是泡茶之前，用来盛放沸水，把水凉至合适温度的容器。在非正式场合或家庭普通饮茶时，可以用茶碗或茶壶代替。

茶勺

称量茶叶时使用，可用茶匙代替。

茶勺

茶匙

茶壶

泡日本茶时常用到的茶壶有：横手急须、后手急须、上手急须、宝瓶、绞出等。

横手急须

壶把与壶嘴约呈直角形，把手在侧方，以方便右手持握，容量较大，适宜冲泡各种茶类，是喝日本茶时最常用的茶壶。

后手急须

即常用的瓷壶，把手在后面，与壶嘴在一条线上。后手急须容量有大有小，建议选用容量较小的茶壶，容量较大的茶壶装满水后比较重，不好持握。

上手急须
把手在壶盖上缘的茶壶，几十年前在日本广泛使用，现在常用来晾水。

宝瓶
没有把手，内有过滤网，流口呈三角弧度，形似盖碗。宝瓶的容量较小，通常为80~160mL，适宜用来喝玉露茶。

绞出
与宝瓶相似，茶壶内无过滤网，专门用于欣赏和品尝玉露。

【 **茶壶大小因茶制宜** 】

　　小型茶壶： 容量为200mL以下的茶壶，适合煎茶、玉露和茎茶。

　　普通大小茶壶： 容量为200~350mL容量的茶壶，适合冲泡各种茶类。

　　大型茶壶： 适合焙茶、番茶和玄米茶。

【 **挑选茶壶需要注意** 】

　　壶把和壶身约呈90°，壶把长短始终，方便持握；壶盖与壶口紧密贴合；壶嘴位置略靠下，与壶把约呈90°，倒水时断水干脆利落；若内有过滤网，应较为细密，可过滤较小的茶渣。

茶滤网
茶壶内若没有过滤网，则需要准备一个茶漏网，放在茶碗上，以过滤茶渣。建议选择较细密的茶漏网，不仅可以冲泡煎茶、玉露、茎茶，也可以冲泡芽茶和粉茶等细碎的茶叶。

茶碗

日本茶碗种类繁多，大小各异，根据自己的喜好和需要来选择即可。一般家用，没有盖子、形状类似于杯子的茶碗较为适宜。若用于招待客人，或在某些特殊聚会，宜用带茶托和茶盖的茶碗。

有盖茶碗

【因茶制宜选茶碗】

玉露、煎茶：宜用内壁薄、小巧的茶碗，以内壁为白色、碗身略浅的茶碗为最佳。

番茶、焙茶、玄米茶：宜用碗身略高、内壁厚一些的茶碗。

厚壁茶碗

轻薄小巧的茶碗

【品尝抹茶时使用的茶具】

日本茶中，抹茶是"另类"，它的冲泡方法称作"点沏"，即把抹茶放入茶碗中，注入热水，混合后用竹筅搅拌、刷出泡沫。

抹茶碗
分两大类，一是口径超过15cm的大型平底抹茶碗，叫作『乐茶碗』；二是口径在10cm左右的小型筒装碗，叫作『志野』。与普通的茶碗相比，抹茶碗的口径要宽一些，更方便搅拌。

茶杓
取抹茶用的必备工具，手柄较长，头部呈弯曲状。用茶杓取抹茶，一般一杓正好适合一次使用。

竹筅
搅拌抹茶时使用，有大、小之分。大的竹筅配合乐茶碗，称为『常穗』；小的竹筅配合志野使用，叫作『野点』。竹筅的前端支数为60~160支，浓茶用支数较少的，薄茶则用支数较多的。

日本茶的冲泡方法

日本茶几乎都是绿茶，按照冲泡绿茶的方法来冲泡，就能轻松泡出一杯好茶。但要泡好一杯日本茶，则需要一定的技巧，比如选择水的要素、水温的控制、茶叶量的把控以及倒茶的方法等。掌握好这些技巧，可以泡出更美味的茶汤。

🫖 泡日本茶，软水为佳

泡日本茶，最好用软水。软水指不含或含较少可溶性钙、镁化合物的水，烧沸后几乎没有水垢。日本常见的软水为江水、河水和淡水湖水。用软水泡茶，泉水的口感和茶味相得益彰，品尝起来更加爽口。

用自来水也可以泡日本茶，但自来水可能有漂白粉气味，所以在把自来水烧沸后，需要打开烧水壶的盖，继续烧2~3分钟，保持水沸腾，使水中的氯气挥发掉。

🫖 泡茶之前，先温热茶碗

在泡茶之前，可先将热水倒入茶碗之中，待茶在茶壶中泡好，要倒入茶碗时，再把茶碗中的热水倒掉。这样做的好处是能使茶碗保持温热，避免变冷而影响到茶汤的口感。

🫖 控好茶量、水温和时间

和泡中国茶一样，冲泡不同类型的日本茶时，茶叶的使用量，水温、冲泡的时间，也各有差异。比如，冲泡上级煎茶和玉露时，要用低温热水，浸泡的时间略长，以带出茶叶的甘醇滋味；番茶、焙茶需要用温度较高的热水冲泡，以激发茶叶浓烈的香气。

关于茶叶的量，可以根据茶壶容量、个人喜好来定。茶壶容量大，可多放一些；茶壶容量小则少放。如果喜欢喝浓茶，就多放一些；喜欢喝薄茶则少放。

🫖 倒尽最后一滴茶

将茶倒入茶碗时，为保持浓度一致，需要依次、均等地把茶汤倒入每个茶碗中，并且要尽量把茶壶中的茶汤倒干净。因为如果茶壶中残留茶汤，下次在冲泡茶叶时会发苦。

茶叶的量、水量、水温、冲泡时间和茶碗数量

茶叶种类	茶叶量	水量	水温	冲泡时间	茶碗数量
玉露（上级）	10克	60mL	50~60℃	2~3分钟	3杯
煎茶（上级）	6克	170mL	70℃左右	1~2分钟	3杯
煎茶（并级）	10克	430mL	80~90℃	1分钟左右	3杯
深蒸煎茶	6克	170mL	70~90℃	30秒左右	3杯
茎茶	6克	390mL	85~90℃	40秒左右	3杯
芽茶	6克	390mL	85~90℃	40秒左右	3杯
番茶	15克	650mL	85~95℃	30秒左右	5杯
焙茶	15克	650mL	85~95℃	30秒左右	5杯

煎茶的冲泡方法

日本煎茶分上级煎茶、并级煎茶、新茶与深蒸煎茶等种类。上级煎茶和新茶清甜甘美，一般用70℃左右的热水冲泡；并级煎茶香味浓郁，适合用80~90℃的热水冲泡；一般煎茶的蒸制时间约为30秒，超过30秒的叫作"深蒸煎茶"，深蒸煎茶的苦涩味道比一般煎茶少，可用70℃左右的水温慢慢浸泡出甘香味道，也可以用90℃左右的热水快速冲泡。

不论是哪种类型的煎茶，都需要根据茶性和个人喜好，选择合适的冲泡方式。

2杯份材料： 煎茶5g，热水140mL
使用茶具： 茶壶、茶碗、汤冷、茶匙、烧水壶

【怎样把握好水的温度】

一开始泡茶，可能把握不好温度，可以买一个最高测量温度为150℃的温度计，测量几次，基本就可以根据感觉来控制水温了。也可以大概估算下水温。将沸水倒入茶碗之中凉1~2分钟，水温就差不多降到90℃了。

茶图鉴：从识茶到品茶

1 温热茶碗
水烧沸，倒入茶碗中至八分满。

2 热水凉至温热
待茶碗外壁感觉温热，把茶碗中的热水倒入汤冷中（如果要快速冲泡煎茶，这个步骤则省略）。

3 放茶
用茶匙将茶叶放入茶壶中。关于茶叶的量，一般一茶匙的茶叶约为2克。

4 泡茶
如果泡并级煎茶，直接把步骤1茶碗中的热水倒入茶壶中，加盖浸泡1分钟左右；泡上级煎茶，则把步骤2汤冷中的热水凉4~5分钟，再倒入茶壶中，加盖浸泡1~2分钟。

5 斟茶
先依次向每个茶碗倒入近半杯的茶汤，然后轻轻地倾斜茶壶，继续依次、均匀地把茶汤倒入每个茶碗中。

6 立起茶壶倒茶
当茶汤变少时，立起茶壶，尽可能地把壶中的茶汤全倒入茶杯中。喝完第一道茶汤，可按照上面的步骤继续冲泡第2泡，浸泡时间比第1泡短一些，就可以把茶汤倒入茶碗中了。

焙茶的冲泡方法

说到焙茶的冲泡，需要先了解一下焙茶的制作工艺。它是用煎茶、番茶或者茎茶，经过高温烘炒而成的。高温烘炒大幅度地削弱了茶叶的苦涩味，并赋予了焙茶非常浓郁的香气。所以在冲泡焙茶时，要想充分带出茶香，就要用大型茶壶，快速冲入滚烫的热水。

高温能很好地激发茶性，使茶叶散发出香气，所以冲泡焙茶，不到一分钟就能将茶叶倒入茶碗中饮用。但刚泡好的茶汤温度比较高，所以喝焙茶要选择厚一些的茶碗，既防烫手，又能很好地锁住茶香。

2杯份材料：焙茶9g，热水400mL

使用茶具：大型茶壶、内壁厚一些的大型茶碗、烧水壶

【旧茶变新茶】

茶叶放久了，香味可能会变淡。我们可以用平底锅，把旧茶变成新茶。方法也简单：

1.用茶漏网过滤掉粉状茶叶。

2.把过滤好的茶叶均匀地铺在平底锅里，然后用小火加热5~10分钟，其间用木构轻轻翻动茶叶。

3.当茶叶颜色变成褐色时，即可关火，然后把茶叶平铺在干燥的盘子或纸上，散去余热后就可以放入器皿中贮藏起来。

1 温热茶碗
把烧沸的热水倒入茶碗中至八分满，以温热茶碗。

2 放茶
把茶叶放入大型茶壶中。2杯份约需茶叶9g。

3 泡茶
将刚烧沸的热水快速地冲入茶壶中，以九分满为度，然后加盖泡30秒。

4 斟茶
一手拿壶把，一手按茶盖，把茶汤依次平均倒入每个茶碗中，直至倒完为止。

番茶的冲泡方法

与上级煎茶的低温浸泡不同，冲泡番茶时需要快速冲入大量的高温热水，才能泡出浓烈的茶香。有的番茶甚至需要用煮茶的方式，才能获得一壶美味的茶汤，如京番茶。京番茶在生产时，叶片未经捻揉，只用阳光干燥，单是热水冲泡并不能充分地释放茶性，所以需要煮茶。煮茶的方法也简单：把水烧沸，把茶叶放入水壶中，待水继续沸腾，即可熄火，加盖闷泡10~15分钟，就能闻到浓郁的茶香了。

番茶的喝法也多样，可以趁热倒入茶碗中，享受热热茶香带来的暖意；也可以先倒入公道杯里放凉成冷茶，真是别有一番风味！

2杯份材料：番茶9g，热水400mL

使用茶具：大型茶壶、内壁厚一些的大型茶碗、烧水壶

1 温热茶碗

与冲泡大多数日本茶方法一样，第1步需要把烧沸的热水倒入茶碗中至八分满，以温热茶碗。

2 放茶

用茶匙把茶叶放入茶壶中。一茶匙约2克，2杯份的茶叶需4~5茶匙。

3 泡茶

把沸水快速冲入壶中至九分满，加盖浸泡30秒左右。注意冲水的速度一定要快。

4 斟茶

将步骤1茶碗里的热水倒掉，均匀地在每个茶碗中注入茶汤。可先往每个茶碗倒茶到半杯，再倾斜水壶，依次均匀地倒剩下的茶汤，直至倒尽最后一滴茶汤。

玄米茶的冲泡方法

冲泡玄米茶，最常用的方式就是快速冲入沸水，高温能使炒米香和茶香同时散发出来。和番茶一样，玄米茶也可以用煮茶的方法来泡，即把玄米茶放入烧沸的水壶中，等水再次沸腾后，关火，加盖浸泡30秒钟左右，就可以倒入茶碗中饮用了。

夏天时，可以做冰凉玄米茶来降温。方法很简单：在煮好的玄米茶中加入冷开水，凉凉后放入冰箱冷藏1小时左右，就可以拿出来品尝了。夏日炎炎，喝一杯冰凉玄米茶，冰爽中茶香环绕，别有一番滋味！

2杯份材料： 玄米茶9g，热水400mL
使用茶具： 大型茶壶、内壁厚一些的大型茶碗、烧水壶

【 DIY玄米茶 】

玄米茶也可以自己DIY，也就是自己调配玄米和茶叶的比例。比如喜欢炒米香多一些，可以多放玄米，少放茶叶；喜欢茶香和茶叶特有的苦涩味道的，可少放玄米，多放茶叶；也可以将玄米和茶叶按1:1的比例调配，使炒米香和茶香更好地融合。

还可以自由搭配茶叶的种类。煎茶、番茶等，都可以和玄米搭配。还可以加入少许抹茶，滋味也十分独特。

1 温热茶碗

把烧沸的热水倒入茶碗中至八分满，以温热茶碗。

2 放茶

用茶匙把茶叶放入茶壶中。如果分别取玄米和茶叶，则需要混合均匀后再放入茶壶。

3 泡茶

把沸水快速冲入壶中至九分满，加盖浸泡30秒左右。注意冲水的速度一定要快。

4 倒茶

将步骤1茶碗里的热水倒掉，均匀地在每个茶碗中注入茶汤。可先往每个茶碗到半杯，再倾斜水壶，依次均匀倒剩下的茶汤，直至倒尽最后一滴茶汤。

玉露的冲泡方法

与其他日本茶相比，玉露是用茶树最嫩的部位作为原料，苦味、涩味适中，并且极大地保留了茶叶的香气。所以冲泡玉露，需要用低温热水慢慢浸泡，使茶叶鲜香扩散开来。至于水温，高级玉露用50℃的水，而并级玉露用60℃左右的水来冲泡。

喝玉露最适合用小杯品尝，像喝工夫茶一样用小杯，先观色、闻香，再小口啜饮，尽享玉露清鲜甘柔的味道。不过和喝工夫茶不一样的是，工夫茶第一泡通常不喝，称之为"洗茶"，而玉露的第一泡最为鲜美，要直接喝。

3杯份材料： 玉露10g，热水60mL
使用茶具： 小型茶壶、小型茶碗、汤冷、烧水壶

【 玉露茶渣妙用 】

喝完玉露茶，别着急倒掉茶渣，不妨先观察观察，看看壶中的茶叶有没有完全展开。如果茶叶完全展开，茶壶中的茶渣应平铺在壶底，没有高矮不一的情况。观察完，可以把茶渣倒在盘子上，淋上香油或柑橘醋，拌一拌，一道清香美味的小菜就做成了。

1 温热茶碗
水烧沸，倒入茶碗中至八分满。

2 温热茶壶
将沸水倒入茶壶中至八分满。

3 凉水
待步骤2茶壶变得温热，即把茶壶中的水倒入汤冷中。可用茶壶、汤冷来回倒热水的方式，使热水快速降低温度。判断水温，可以用手握住容器10秒左右，如果感觉温热而不烫手，预计温度在50~60℃。

4 放茶
用茶匙将茶叶放入茶壶中。关于茶叶的量，以个人喜好而定。建议稍微多放一些，以防第2、3泡时味道太淡。

5 泡茶
待汤冷中的热水凉至50~60℃，即把水倒入茶壶中，水量以没过茶叶为准。然后加盖浸泡2分钟左右。如果是第2泡，可以用温度高一些的热水，浸泡时间为1分钟左右。

6 斟茶
依次向每个茶碗转圈倒入近半杯的茶汤，然后轻轻地倾斜茶壶，继续依次均匀地把茶汤倒入每个茶碗中。当茶汤变少时，立起茶壶，尽可能地把壶中的茶汤全倒入茶杯中。

茎茶、芽茶的冲泡方法

依茶性泡茶，方能泡好茶。冲泡茎茶和芽茶，方法基本与煎茶类似，但要根据茶性来定水温。若是玉露、上级煎茶分离出来的茎茶和芽茶，需要用60~70℃的低温热水慢慢浸泡，充分萃取茶叶中的氨基酸含量，以带出茶叶的甘柔滋味。如果是并级煎茶、焙茶生产时分离出来的茎茶和芽茶，就需要用高温热水快速冲泡的方式，带出浓郁的茶香和茶味。

3杯份材料：茎茶或芽茶6g，热水400mL
使用茶具：茶壶、茶碗、烧水壶

1 温热茶碗

与泡煎茶一样，第1步需要把水烧沸，然后倒入茶碗中至八分满。

2 放茶

用茶匙将茶叶放入茶壶中。

3 泡茶

将70~90℃的热水迅速倒入壶中，加盖浸泡1~2分钟。如果泡从玉露、上级煎茶中分离出来的高级茎茶或芽茶，需要用60℃左右的低温热水泡茶，浸泡时间2分钟左右。

4 斟茶

把茶碗中的热水倒掉，先依次向每个茶碗倒入近半杯的茶汤，再轻轻地倾斜茶壶，继续依次、均匀地把茶汤倒入每个茶碗中。当茶汤变少时，立起茶壶，尽可能地把壶中的茶汤全倒入茶杯中。

【 用玻璃杯泡茎茶 】

用玻璃杯泡绿茶，可欣赏到茶叶在水中舒展、浮沉的美景。泡茎茶也可以用这种方法。茎茶外形似小棒，因而也叫棒茶。放入玻璃杯中浸泡，可以看到茶叶如笋般竖立起来，甚是美妙。

粉茶的冲泡方法

说到粉茶，很多人都会想到寿司店里的"清茶"。清茶多是用粉茶作为原料，热水一冲，就能得到滋味鲜明、醇香的茶了。喝清茶时，刚入口，舌尖会感觉到浓重的苦味，但咽下去之后，回味清爽。清茶口感如此独特，因而是吃日式鱼料理和生鱼片的好搭档，能帮助食客去除腥味和腻味，享受美食的同时亦能清爽舒适。

与其他茶类相比，粉茶的冲泡方法算是最简单的了。一个茶碗加一个茶滤网，放入粉茶，热水一冲，片刻之间，一杯香味浓厚的茶就泡好了。这是因为粉茶的茶叶以碎茶和茶屑为主，热水一冲就很容易带出茶叶的味道。如果喜欢喝浓茶，也可以用茶壶来泡，闷泡的过程会使茶汤滋味更浓。

2杯份材料： 粉茶4g，热水260mL
使用茶具： 茶滤网、内壁厚一些的大型茶碗、烧水壶

1 温热茶碗

把烧沸的热水倒入茶碗中至八分满，待茶碗外壁摸起来感觉温热时，即可把热水倒掉。

2 放茶

把茶滤网架在茶碗上，然后往茶滤网中放茶叶。

3 泡茶

以画圈的方式，迅速地把热水淋在茶叶上至茶叶浮起。

4 滤茶

茶叶浮起后，迅速拿起茶滤网，轻轻地上下甩动，尽可能地使茶汤滤到茶碗中。接着把茶滤网放在另一个茶碗上，用同样的方法冲泡第2杯。

🫖 冷茶的冲泡方式

方法一：茶壶冲泡法

使用材料： 粉茶4g、热水260mL、冰块
使用茶具： 茶壶、茶滤网、玻璃杯

1 温热茶壶
把沸水倒入茶壶中，放置5秒
左右，使茶壶变得温热，倒掉热水。

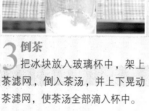

2 泡茶
把茶叶放入茶壶中，快速倒
入热水，加盖闷泡10~15分钟。

3 倒茶
把冰块放入玻璃杯中，架上
茶滤网，倒入茶汤，并上下晃动
茶滤网，使茶汤全部滴入杯中。

茶图鉴：从识茶到品茶

方法二：冷水冲泡法

使用材料： 粉茶或煎茶1茶匙左右，冷开水
500mL，干净的纸一张

使用茶具： 500mL的饮料瓶或矿泉水瓶、茶
滤网、茶碗或玻璃杯

1 放茶
把纸卷成漏斗状，放在瓶
口，把茶叶少量多次地倒入漏斗
中，轻轻抖动瓶身，使茶叶划入
瓶内。

2 泡茶
将冷开水倒入瓶中至将满，
盖好盖子，放入冰箱中冷藏1小
时左右。

3 喝茶
在茶碗或玻璃杯上架好茶滤
网，倒入步骤2泡好的茶，就可
以细细品饮了。

抹茶的冲泡方法

抹茶与其他品类的绿茶最大的不同点在于，它是极为细微的粉末颗粒，能很快地溶解在水中，所以抹茶冲泡起来也十分方便，通常一个饮料瓶或矿泉水瓶就可以了。抹茶的喝法也多种多样，可以直接加冰块做成冰饮，炎炎夏日喝起来冰爽可口；也可以冲入热牛奶，奶香混合抹茶的鲜美、浓郁，十分香甜柔滑；还可以冲入热咖啡，咖啡的苦与抹茶的回甘相混合，别有一番风味。

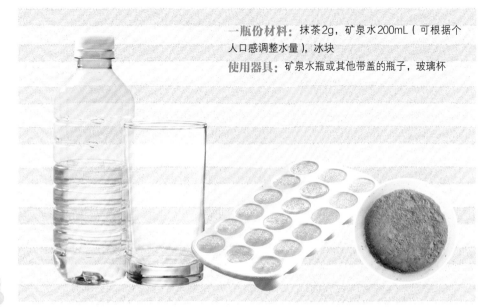

一瓶份材料： 抹茶2g，矿泉水200mL（可根据个人口感调整水量），冰块

使用器具： 矿泉水瓶或其他带盖的瓶子，玻璃杯

1 **放水放茶**
把抹茶、水都放入矿泉水瓶中。

2 **摇茶**
盖上瓶盖，用力摇晃瓶子2~3分钟，直至泡沫丰富。

3 **喝茶**
将冰块放入玻璃杯中，倒入摇好的抹茶，就可以饮用了。

第二章 日本茶

107

抹茶的点沏方法

点沏抹茶，一支茶筅必不可少。茶筅的出现可以追溯到我国宋朝时代，其以竹筒制作，一半做成丝状，一小半做成柄，是宋代中国茶艺"点茶"中必备的茶具。点茶时，将茶粉用丝罗筛出极细的末，放入碗中，注入沸水，同时用茶筅快速搅拌茶汤，使之发泡。这就是茶筅的用法。后来，点茶传入日本，发展成今天的日本茶道，点茶的用具茶筅也随之传入，并发展、沿用至今，成为点沏抹茶的必备品。

家里有一把茶筅，用日本茶道的方式来喝抹茶，不再是难事。只需要掌握好下面3点，就能点沏出美味的抹茶：①结块的抹茶一定要打散，最好过一遍筛；②水温控制在80℃左右；③用茶筅快速搅打，把气泡打出后，还要把气泡打至细腻。

浓香的抹茶，再配上顺应季节的和果子，美味更上一层楼。

1杯份材料： 抹茶2g，热水60mL
使用茶具： 抹茶用茶碗、茶勺、茶筅、茶杓、抹茶筛、汤冷、烧水壶

1 抹茶过筛
把结成块的抹茶放在抹茶筛上，用茶勺来回拨动，过滤出细腻的抹茶。如果没有抹茶筛，也可以用网格细密的茶漏网过筛。

2 温热茶碗和茶筅

把茶筅放入抹茶碗中，倒入沸水，这样既能达到温热的目的，还能使茶筅变得柔软一些。

3 凉水

把沸水倒入汤冷中，凉置3~4分钟。

4 放茶

取出茶筅，把抹茶碗中的水倒掉，用茶杓盛1匙半左右的抹茶，放入茶碗中（抹茶分"浓茶"和"薄茶"，"薄茶"用2克抹茶，"浓茶"用4克抹茶，用量是"薄茶"的一倍）。

5 加水

待步骤3中汤冷的水凉至80℃左右，再缓缓注入茶碗中。

6 点沏抹茶

抹茶加水之后，先用茶筅把结块的抹茶打散，接着用打发鸡蛋一样，来回、快速地使用茶筅搅打抹茶，直到打出细腻的泡沫。

7 搅动茶筅

按图示方向轻轻搅动茶筅，再将茶筅拿出，一杯抹茶就泡好了。

喝日本茶，配日本茶点

喝茶必配茶点。日本茶大多带苦味、涩味，喝日本茶时吃一些茶点，茶点或甜或咸的味道，能中和茶叶的一部分苦味，还能提升茶汤的口感，使人感觉茶更加柔和、甘醇。

干果子

干果子是传统日式点心和果子中的一种，分仙贝、金平糖、日式煎饼几种，甜度比较高。

适宜茶类： 抹茶、玉露

🫖 生果子

　　生果子，即是含水量在30%以上的和果子，多为小豆粉点心和金圆之类的甜品。

适宜茶类：上级煎茶、抹茶、玉露

🫖 大福麻薯

　　大福麻薯看起来很像中国的汤圆，它用糯米做外皮，用红豆、生、抹茶或水果等做馅，甜而不腻，口感独特。

适宜茶类：玄米茶、番茶

🫖 糯米团子

　　糯米团子是一种球状的日式点心，它用糯米做成，没有馅料，淋上甜中带点儿咸的酱汁，味道十分美味。

适宜茶类：煎茶、芽茶

🫖 花林糖

　　黄金色或黑褐色的花林糖，粗细均匀，咬一口香甜酥脆，再喝一口轻盈的茶水，能让人感到格外清新爽口。

适宜茶类：焙茶、玄米茶

🫖 豆沙馒头

　　豆沙馒头其实是和果子的一种，使用甜甜的豆沙作为馅料，和清爽嫩绿的茶相配，甜与苦相得益彰。

适宜茶类：煎茶、抹茶、玉露

🫖 日式饼干

　　不论是日式饼干、西式的烘烤点心，还是超市里售卖的零食饼干，都适合用来搭配有烘烤香味的茶。

适宜茶类：焙茶、玄米茶

🫖 冰激凌

　　甜甜的冰激凌，搭配略带甘苦味的茶，甜与苦相互中和，让人回味无穷。也可以搭配带有焙火香味的茶，滋味十分独特。

适宜茶类：抹茶、焙茶

🫖 巧克力

　　巧克力做茶点，微苦中带着香甜，再加上茶叶独特的香味和甘苦味，相互映衬又能形成味觉上的平衡。

适宜茶类：焙茶、番茶

蛋糕

　　香甜适口的蛋糕，搭配香气、味道浓烈的茶，两种不同味道的碰撞，能让人回味无穷。

适宜茶类：深煎茶

【 茶席上的主果子和干果子 】

　　在日本，用茶招待客人，请客人品尝简单的点心时，所饮用的茶一般多为抹茶。冲泡时，将抹茶放入茶碗，注入热水搅拌。当然，抹茶的喝法没那么简单，在喝抹茶之前，会请客人品尝和果子。

　　茶席上的和果子造型别致，色彩美丽，映衬着绿色的茶汤，让人在品茗的同时，可享受视觉之盛宴。主人还会根据茶的浓淡，以及季节、节气等，端上不同的和果子。通常浓茶配落雁、仙贝之类的干果子；薄茶配小豆粉点心、豆沙馒头、羊羹等生果子。

第二章　日本茶

113

日本茶的挑选与保存方法

虽然都是绿茶，但因产地不同，工艺、烘焙方式等都有所差异，所以每种日本茶的挑选和保存方法也各不相同。

🫖 日本茶的购买

日本茶专卖店、各种购物平台、商场、超市等，很多地方都能买到日本茶。但日本茶种类较多，选择一款适合自己口味的茶叶不容易。购买日本茶时不仅要确认包装是否完整，还要观察茶叶的形状和颜色，最好是能试喝，以确认茶叶的香气和味道。

购买日本茶要注意这几项

◇ 看茶叶产地

日本每个茶区所产的茶叶，因气候、工艺等影响，风格也各具特色。所以在购买日本茶之前，一定要了解相关知识，再结合自己的口味和喜欢去选择。

◇ 确认生产日期和保质期

挑选日本茶时，最重要的是要确认生产日期和保质期。

◇ 看外包装

茶叶的包装也会影响到茶叶品质。建议选择铝箔包装的茶叶，因为铝箔包装有遮光的效果，只要没有开封，就可以保存较长时间。

🫖 日本茶的挑选

挑选日本茶，最直观的方法就是看外形，以分辨茶叶的好坏。

玉露

茶叶外形细长，几乎无碎茶，色泽浓绿有光泽、茶叶湿润、有重量感的、品质佳。碎茶多、茶叶干燥、松散的，不宜选择。

煎茶

外形细长如针，碎末和茶茎较少，色泽浓绿，有重量感的为佳。碎茶多或茶茎多的，品质要差一些。

焙茶

宜选择茶末少、颜色较深的茶叶。

番茶

因番茶为整枝叶片烘焙，故而茶叶较完整，有茶叶、茶梗、茎叶等，带有焦香味，即使高温冲泡也不带苦涩味的质量佳。

芽茶

以外形为细小颗粒、少茶屑、没有茶梗、茶茎的为佳。

茎茶

原料不同，品质也各种各样，多以茎平直、茶叶柔软的为佳。

抹茶

颜色鲜绿、粉末细腻的品质为优；颜色较深，颗粒感重的，质量次之。

玄米茶

以玄米颗粒呈金黄色、饱满、表面无斑无黑点、带较浓炒米香，绿茶芽叶细嫩匀齐、条索紧实、色泽鲜绿的，质量上乘。

日本茶的保存

环境的温度、湿度、光线、存放环境的味道等，都会对茶叶的品质有所影响，而日本茶的保存更是有门道。

冰箱保存法

如果一次买的茶叶比较多，最好将茶叶放入冰箱里保存，这也是日本家庭中保存茶叶的常用方法。

具体做法：把茶叶按天数为量分成若干份，然后放入密封袋里，封好口，再放入冰箱里保存。

饮用前，将茶叶从冰箱中取出，并放置一段时间，恢复常温后再开封。因为温差的作用，袋子上会形成白霜，如果拿出来后直接打开，茶叶会受到湿气影响而削弱了香味和味道。

茶罐或茶筒保存法

日本茶对光线比较敏感，而用茶罐或茶筒来保存茶叶，不仅能避光，还能隔绝空气中的气味和湿气。不论是用茶罐还是用茶筒来保存，都要注意茶叶的量与容器的容量对应，避免出现容器大、茶叶少的情况。

带拉链的不透明保鲜袋

如果茶叶的量不多，也可以用带拉链的不透明保鲜袋保存。每次取茶叶之后，要把拉链拉好，以隔绝味道和湿气。

茶叶罐

茶叶罐

密封袋

第三章
红茶世界

中国红茶、印度红茶、锡兰红茶……世界各地的红茶，或甘醇厚重，或芬芳馥郁，或味道清爽。不论哪一种，午后泡上一杯，袅袅茶香中，让人涤荡心灵，让人思绪沉醉。这就是红茶的魅力！

红茶的历史

中国是红茶的故乡，世界上最早的红茶由中国明朝时期福建武夷山茶区的茶农采摘，名为"正山小种"。后来，中国红茶传入世界各国，发展至今形成了各具特色的饮茶文化。

从中国到欧洲

在久远的公元前，中国就开始茶叶采摘，到公元四世纪开始种植茶叶。在唐代以前，茶被人们当作灵药珍而重之。进入唐代（公元618~907年）以后，中国茶叶栽培普及，茶叶成为人们的日常饮品。茶叶也从这一时期开始在日本以及南洋诸国传播。

随着欧洲商人和传教士的传播与转运，茶开始传入欧洲。1602年，就有葡萄牙人将中国茶带回国内。1610年左右，荷兰东印度公司垄断了以东南亚为中心的整个亚洲地区的茶叶贸易，并以印度尼西亚的爪哇岛作为集中地和转运地，从中国、日本引进少量茶叶与中国茶器。到了1620年，东印度公司开始大量输入中国茶，使中国茶逐渐被欧洲人熟知。此时进入欧洲的茶，主要是抹茶、绿茶等未发酵茶，没有红茶。

从上流社会到平民百姓

1662年，葡萄牙公主凯瑟琳嫁入了英国王室，她的嫁妆里有大量的中国茶和贵重的砂糖。从此，饮茶的习惯进入英国宫廷，成为英国皇室生活中不可缺少的一部分。

随着茶叶的需求量增加，加上与荷兰战争的胜利，英国取代荷兰，成为东南亚贸易的实际掌控者，并以中国福建等地开始茶叶贸易。当时英国从福建输入的茶叶多是近似于现在红茶中半发酵茶——武夷茶，并根据茶叶的颜色特点，称之为"Black Tea"。大量的武夷茶进入英国，取代了原有的绿茶市场，且很快成为欧洲茶的主流，于是红茶文化最终在欧洲开花结果。

到了18世纪中叶，茶花园在英国兴起，在茶花园中人们可以进行家族聚会，一起享受茶品、点心，观看音乐会、舞蹈、喜剧等。随着工业革命的发展，茶叶、茶具和砂糖不再是奢侈品，喝红茶的习惯开始进入平民百姓的生活中。

开始大量栽培

1823年，英国探险家罗伯特·布鲁士在印度阿萨姆地区发现了野生茶树。1839年，阿萨姆红茶正式诞生。1845年之后，英国在印度和斯里兰卡建立大规模的茶园，开始大量生产红茶。自此，英国红茶文化广泛流传开来。

红茶流传于日本

1906年，红茶首次进入日本。当时，英国立顿黄牌红茶被引入日本，备受日本上流社会的好评。

1927年，三井红茶开始售卖第一款日本红茶。随着红茶销量的增加，日本普通家庭也开始喝红茶。

在日本，红茶真正地贴近人们生活，是在1971年进口自由化之后。茶包、罐装红茶以及宝特瓶的普及，使红茶的饮用更加方便、快捷，因而很受人们的欢迎。

【红茶年表】

1602年

中国红茶首次进入葡萄牙。

荷兰东印度公司设立。

1620年

荷兰东印度公司开始中国茶贸易。

1662年

葡萄牙公主凯瑟琳把茶叶与砂糖带到英国。

英国皇室、贵族开始流行喝茶。

18世纪中叶

英国出现茶花园。

1773年

波士顿倾茶事件。

1823年

英国探险家罗伯特·布鲁士在印度阿萨姆地区发现野生茶树。

1839年

阿萨姆红茶诞生。

1845年之后

印度和斯里兰卡开始大量种植茶树、生产红茶。

1906年

日本开始从英国立顿进口红茶。

1927年

三井红茶售卖日本第一款红茶。

红茶产地介绍

世界上出产红茶的国家有很多，多处于日照充足、雨水充沛、土壤肥沃的热带和亚热带地区。每个产区以其独特的环境和制作工艺，孕育了各式各样的红茶风味。

中国

中国是茶的故乡，产茶、饮茶历史悠久，至今仍是世界红茶主要产地。其中以安徽的祁门红茶、福建的正山小种等最负盛名。

印度

印度是目前世界最大的红茶生产国，大吉岭、阿萨姆、尼尔吉里等地出产的红茶以独特的香气、品质优良而闻名世界。

斯里兰卡

斯里兰卡是世界数一数二的红茶生产国，其温暖多雨的气候特点，非常适合茶树的生长。其中以汤色橙红明亮、香气清新的乌巴红茶最为著名。

印度尼西亚

印度尼西亚是世界第五大红茶产区，其以爪哇岛及苏门答腊为中心，所产的红茶汤色深浓，没有涩味，有一种特别清柔的香味。

肯尼亚

肯尼亚是20世纪后半期新兴的红茶生产国，其日照丰富、土壤肥沃，所产的红茶以茶色优美、味道浓而甘醇著称。

红茶的成分及功效

红茶属全发酵茶，在发酵过程中，多酚类物质发生了变化，产生了茶黄素、茶红素等成分，形成红茶特有的色、香、味，使红茶不仅好喝，而且有着独特的功效。

🫖 红茶中的有益成分

◆ 钾

钾是一种矿物质，有利尿、去水肿的作用。红茶冲泡后，茶叶中70%的钾可溶于茶水中，比蔬菜、水果中的钾更易于被人体吸收。

◆ 氨基酸

氨基酸是维持人体健康的重要物质，而红茶是氨基酸的良好来源。红茶中的氨基酸较为全面，除了有茶氨酸之外，还含有脯氨酸、谷氨酸、天门冬氨酸等成分。

◆ β-胡萝卜素

红茶含有丰富的β-胡萝卜素，而β-胡萝卜素被身体吸收后，可转化为维生素A。维生素A又是保持皮肤和头发健康必不可少的物质。

◆ B族维生素

红茶中的B族维生素含量要比一般的茶叶高，种类也全面，包括抗疲劳、帮助恢复体力的维生素B_1、维生素B_2，以及促进脂肪代谢、防治皮肤炎的维生素B_3等。

◆ 多酚类化合物

红茶中的多酚类化合物含量为20%~30%，其中儿茶素占70%。儿茶素是抗菌消炎的主力。红茶中的多酚类化合物还包括红茶类黄酮，它有很强的抗氧化作用。

◆ 咖啡因

咖啡因在兴奋中枢神经以及提神方面最为有效，而红茶中的咖啡因含量在2%~4%。

◆ 氟

红茶中含的氟对预防龋齿和防治骨质疏松有一定的作用。

🫖 红茶的功效

◆ 提神醒脑，消除疲劳

红茶是很好的提神利器，它所含的咖啡因可以通过刺激大脑皮质而兴奋神经中枢，赶走疲劳，使人变得清醒。晚上睡觉之前不要喝茶，尤其是浅眠的人，茶里的咖啡因会影响睡眠质量。

◆ 保护牙齿，强壮骨骼

红茶中的氟是牙齿和骨骼必不可少的元素，所含的多酚类物质也能抑制破坏骨细胞物质的活力，经常喝红茶，对坚固牙齿、预防骨质疏松都有很大的益处。

◆ 养护肠胃

红茶在发酵的过程中，茶多酚会减少90%以上，而茶多酚具有收敛性，对肠胃有一定的刺激作用。红茶经过发酵、烘制之后，性质变得温厚，能消炎、保护胃黏膜。这也是人们常说红茶养胃的原因。

◆ 红茶漱口预防感冒

不仅用日本茶漱口能预防感冒，用红茶漱口也能收到好的效果。这是因为红茶里含有丰富的儿茶素，儿茶素有杀菌、消炎的作用，可抑制附着在喉部黏膜上的病毒活性。在感冒高发的冬季，喝一杯温暖的红茶，让身体变得温热，感冒自然远离你。

另外，红茶中的儿茶素还有除口臭的作用，因而儿茶素也是牙膏、漱口水、口香糖的天然添加物。如果感觉口腔有异味，不妨经常用红茶茶汤漱漱口。

◆ 预防心血管疾病

红茶中含有的红茶类黄酮具有非常强的抗氧化作用。高血压、心脏病等疾病多与活性氧对细胞、血管的损伤有关，而红茶类黄酮对活性氧有对抗性，能起到保护心血管的作用。

◆ 减肥瘦身，保护皮肤

红茶是天然的减肥药，它含有的咖啡因可促进血液循环，提升新陈代谢机能，促进身体消耗能量，代谢脂肪。在运动前30~60分钟，喝一杯红茶，运动时在咖啡因的作用下，会加速脂肪燃烧，从而起到减肥的作用。

红茶中的B族维生素、维生素E、维生素C等含量也很丰富，这些物质与红茶类黄酮一起协作，可起到抗氧化、防衰老的作用，在改善肌肤暗沉、雀斑等方面有一定的效果。

红茶的种类

关于红茶的种类，分类的依据不同，结果也不一样。

根据产地分类

根据产地国别分类，红茶可分为中国红茶和外国红茶。

中国红茶：主要按加工工艺分类，品种繁多。

外国红茶：主要有印度的大吉岭红茶、阿萨姆红茶、尼尔吉里红茶；斯里兰卡的乌巴红茶、努瓦拉埃利亚红茶、坎迪红茶、卢哈纳红茶；印度尼西亚红茶、肯尼亚红茶等。

中国红茶产地分类

产地	茶类	产地	茶类	产地	茶类
福建	正山小种、闽红、政和工夫、坦洋工夫、白琳工夫	安徽	祁门红茶	广东	英德红茶
云南	滇红	四川	川红	江西	宁红
湖北	宜红	湖南	湘红（湖红）	浙江	九曲红梅
江苏	苏红	贵州	黔红	广西	桂红
海南	海南红茶				

按制作工艺分类

按照制作工艺分类，红茶分小种红茶、功夫红茶和红碎茶三种类型。红茶的工艺可总结为：萎凋→揉捻→发酵→干燥。但是，不同的红茶制作工艺也会不同，因而特色各异。

◆ 小种红茶

　　小种红茶主要指正山小种，世界红茶的鼻祖。

工艺： 萎凋→（熏松烟）→揉捻
　　　→发酵→干燥（熏松烟）
　　　→精制加工

特色： 带有独特的烟熏味道

◆ 工夫红茶

　　工夫红茶制作时费时费力，工夫茶器具精致，泡功独特，饮用程式亦相当讲究，因而有"工夫"之称。

工艺： 萎凋→揉捻→发酵→干燥
　　　→精制加工

特色： 杯小，香浓、汤热，饮后杯中仍有余香

◆ 红碎茶

　　红碎茶是在小种红茶和工夫红茶的基础上，多了将干茶切成碎片或颗粒状的工序，是一种工艺茶。尼尔吉里红茶、汀普拉红茶等就是红碎茶。

工艺： 萎凋→揉切→发酵→干燥

特色： 出汤快，味道浓，不耐泡

根据叶子大小分类

　　根据红茶茶树叶片大小，又可以分为大叶种、中叶种和小叶种。

　　大叶种红茶：茶叶叶片比较长，在10厘米以上，比较著名的有我国云南的滇红和印度的阿萨姆红茶。

　　中叶种红茶：叶片为5-10cm，以我国的祁门红茶为代表。

　　小叶种红茶：叶片在5cm以下，比较典型的是我国的正山小种、闽红工夫，和印度的大吉岭红茶。

根据叶片外形完整度分类

　　根据红茶叶片外形的完整度分类，红茶又分条形茶、碎茶两大种类。

◆ 条形茶

　　制作时经揉捻成型，如中国的小种红茶、工夫红茶。

◆ 碎茶

　　制作时经过切、撕等工序，使红茶成为碎片或颗粒状，如袋泡红茶。

根据口味分类

　　这是常用的一种分类方式。按照红茶口味分类，主要有原味红茶和调味红茶两大种类。

根据饮茶时间分类

　　红茶传入西方后，成为西方茶文化的主流，还根据不同地方的习俗，衍生出不同的红茶品种，如早餐茶、下午茶等。

印度红茶

印度人的生活离不开茶，早上一杯奶茶，下午一杯红茶。印度还是世界上最大的红茶生产国，从北部的大吉岭、阿萨姆到南方的尼尔吉里和穆纳等地，散布着众多文明世界的茶园，其中大吉岭红茶、阿萨姆红茶和尼尔吉里红茶更是享誉世界。

印度红茶在色、香、味、形上都有自己独特的特点：外形以红碎茶为主；色泽偏红褐色；因生长在热带地区，香味、茶味浓烈厚重。印度红茶又因产区不同，各种红茶的特质也有差异。比如大吉岭红茶茶味细腻，芳香层次多而耐人寻味；尼尔吉里红茶茶性清新，风味淡雅；阿萨姆红茶浓郁芳香，滋味柔润甘醇等。不论哪种红茶，印度红茶都以其独特的魅力而深受人们欢迎。

功效

印度红茶含有较为丰富的类黄酮、茶氨酸、咖啡因、B族维生素、维生素C、维生素E、钾、氟等营养物质，具有抗菌、消炎、预防感冒、消脂减肥、提神醒脑等多种保健作用。

🫖 阿萨姆

散发着淡淡麦芽香、玫瑰香

阿萨姆红茶产于印度东北阿萨姆喜马拉雅山麓的阿萨姆溪谷一带，全年可采摘，以6~7月份采摘的品质最优，10~11月份产的秋茶较香。阿萨姆红茶香味浓烈，有麦芽香、玫瑰香，一般搭配牛奶用作早餐茶。

特　　点：外形细扁，呈深褐，带麦芽香、玫瑰香，汤色深红稍褐，滋味浓烈、甘醇、回香
投 茶 量：茶包1袋或1茶匙
泡茶水温：95~100℃
冲泡时间：2分钟左右

🫖 大吉岭

红茶中的香槟

大吉岭红茶产于印度西孟加拉省北部喜马拉雅山麓的大吉岭高原一带，与祁门红茶、锡兰红茶被誉为世界三大高香茶。大吉岭红茶独具清新、优雅之风韵，因茶园、年份的差异，散发着不同层次的花香、果香、草香，变化多端，因而被誉为"红茶中的香槟"。

特　　点：条索紧细，香气芬芳，汤色呈橙黄红艳，初摘茶口感芳香甘甜，次摘茶滋味浓郁、饱满，秋茶滋味扎实浓厚
投 茶 量：1茶匙
泡茶水温：95~100℃
冲泡时间：2分钟左右

🫖 尼尔吉里

印度三大红茶之一

尼尔吉里红茶产于印度南方尼尔吉里高原，全年都可以采摘，以1~2月份采收的冬茶品质最佳，被称作"冬霜红茶"。尼尔吉里红茶风味与锡兰红茶相似，清新淡雅，非常适合调和花香或果香制成各种风味红茶，或加牛奶、糖或蜂蜜调味，滋味也十分独特。

特　　点：外形呈碎型，色泽偏褐色，汤色呈深橙黄色，带水果香、玫瑰香，味浓、润滑、甘醇
投 茶 量：1茶匙
泡茶水温：95~100℃
泡茶水温：1~2分钟

斯里兰卡红茶

斯里兰卡是世界第三大红茶种植国，红茶产量位居世界第二。斯里兰卡红茶茶园主要分布在乌瓦、乌达普沙拉瓦、努瓦拉埃利亚、卢哈纳、坎迪、迪不拉等地区，根据海拔的高低分为高地茶、中地茶、低地茶，又根据口味分为原味红茶和调味红茶。每个产区所产的红茶，因海拔高度、气候等的不同，均有不同特色。

斯里兰卡红茶采取了非常严格的质量保证措施，只有经过斯里兰卡茶叶委员会严格的检验程序，才可以在包装上印刷带有雄狮的斯里兰卡红茶标志。

斯里兰卡红茶最大的特征是钠含量低，对于需要控制钠的摄入，又喜欢喝茶的人来说，是理想的饮品。

功效

斯里兰卡红茶含有较多的钾、儿茶素、类黄酮、咖啡因、氨基酸、果胶等物质，具有抗氧化、抗菌消炎、预防感冒、预防龋齿、养护肠胃、减肥美容等养生作用。

🫖 乌巴
早餐醒神的好选择

乌巴红茶产于斯里兰卡中央高地东侧，属于高地茶，以每年6~8月采收的茶叶品质最佳。品质优秀的乌巴红茶带有薄荷和紫罗兰的香味，味道十分独特，因而被视为世界三大名茶之一。

特　　点：茶叶肥壮紧实，色泽乌黑有油光，汤
　　　　　色红艳，甜香浓郁
投 茶 量：1茶匙
泡茶水温：100℃
冲泡时间：2~3分钟

🫖 汀普拉
天天喝也不腻

汀普拉红茶产于斯里兰卡中央高地西侧，属高地茶，其茶香独特，不带涩味，是斯里兰卡红茶中最适合搭配果酱、鲜奶、蜂蜜的红茶。用汀普拉红茶做成冰茶或水果茶，滋味清新，别有风味。

特　　点：碎茶，汤色呈深橙红色，带果实香
　　　　　味，滋味清爽
投 茶 量：1茶匙
泡茶水温：100℃
冲泡时间：5~10分钟

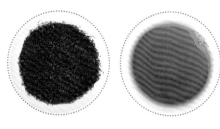

努瓦拉埃利亚
锡兰茶的香槟

努瓦拉埃利亚红茶产于斯里兰卡西部中央山脉，属于高地茶，以1~2月份采摘的茶叶品质最佳，带有花一般的甘甜清香，又有绿茶般的涩感，被称为"锡兰茶的香槟"。

特　　点：碎茶或颗粒状，色泽呈褐色，汤色呈橙色，香味强烈，涩味较强，滋味爽快
投 茶 量：1茶匙
泡茶水温：100℃
冲泡时间：1分钟左右

坎迪
口感轻盈的中地茶

坎迪红茶产于斯里兰卡南部的古城坎迪，属中地茶，因汤色明艳、口感轻盈而常用来做冰茶。

特　　点：外形紧实，呈短条形或大颗粒状，色泽黑褐，汤色橙红明亮，少涩味，回甘
投 茶 量：1茶匙
泡茶水温：100℃
冲泡时间：2~3分钟

卢哈纳
最优质的锡兰红茶品种之一

卢哈纳红茶产于斯里兰卡南部的卢哈纳茶区，属低地茶。因卢哈纳地区土壤与水含有丰富的矿物质，使得卢哈纳红茶色泽和汤色比其他产区的茶叶更加深沉而独具特色。

特　　点：外形呈条状，有少许碎茶，色泽呈沈黑褐色，汤色呈深橙红色，带独特熏香，滋味甘醇不苦涩
投 茶 量：1茶匙
泡茶水温：100℃
冲泡时间：2~3分钟

【区分3种锡兰茶】

高地茶

海拔：1200m以上

代表红茶：乌巴、汀普拉、努瓦拉埃利亚

茶叶特点：味浓

中地茶

海拔：670~1200m

代表红茶：坎迪

茶叶特点：香气怡人，口感良好

低地茶

海拔：670m以下

代表红茶：卢哈纳

茶叶特点：香气微弱，味道浓

印度尼西亚红茶

印度尼西亚是一个典型的热带国家，一年四季都可采收茶叶，其中以5~11月的旱季采收的茶叶质量最好，雨季次之。印度尼西亚红茶最大的特点是气味清淡，没有苦涩味道，适宜清饮，也适宜配以新鲜水果做调饮，或做冰红茶。

功效

印度尼西亚红茶含有较为丰富的B族维生素、维生素C、维生素E、钾、咖啡因、氨基酸等多种营养元素，具有促进消化、提神醒脑、预防感冒等保健作用。

爪哇红茶
最具代表性的印度尼西亚红茶

爪哇红茶的产地爪哇岛，是印度尼西亚的主要产茶区，这里气候干燥、温暖、土壤肥沃，一年四季都可以采收茶叶，其中以7~9月份采收的茶叶品质最佳。

特　　点：	茶叶颗粒匀整紧实，色泽呈中褐色或浅褐色，汤色红亮，气味清新，口感清爽、涩味少
投 茶 量：	1茶匙
泡茶水温：	100℃
冲泡时间：	1~2分钟

肯尼亚红茶

肯尼亚是非洲最大的红茶生产国，更是世界红茶出口大国。其所产的茶叶不用任何农药和化学肥料，采收时采用手工采茶工序，精挑细选，保证所有采下来的茶都是"两叶一芽"的精品，所以肯尼亚红茶的品质非常高。

肯尼亚红茶以红碎茶为主，包装形式多以茶袋出现，这样泡茶时可以轻易地把茶叶和茶汤分开，更方便饮用。这是肯尼亚红茶独特之处，也是肯尼亚茶文化的一部分。

功效

肯尼亚红茶含有较为丰富的茶黄素、茶多酚、维生素C、咖啡因等成分，有预防心血管疾病、增强体质、预防感冒等保健作用。

第三章　红茶世界

131

拼配茶

拼配茶也叫调配茶、混合调制茶，是将几种不同的茶叶，按照一定的比例混合，调配出风味、品质相对稳定的茶。茶叶属于自然生长的产品，容易受到气候、雨水量、日照等环境因素影响而出现质量偏差。茶叶厂家、茶农等根据茶叶的特性，把多种茶叶拼配混合，得出品质相对稳定的茶叶以供市场需求，这就是拼配茶的由来。

拼配茶并不是简单地把茶叶拼在一起。所谓"拼配"，重点在于"配"，要充分发挥茶叶的特性，把不同茶园、不同产地、不同国家的同一种茶，或是不同种类的茶，通过筛、切、扇或复火等工艺拼配在一起。拼配而成的茶，可以扬长避短，汤感层次明显，滋味比较丰富，并且存放过程中有意想不到的口感的变化。

拼配茶多以白茶、普洱茶、红茶等为主要原料，其中早餐茶、午后茶就是典型的以不同红茶为原料的拼配茶。

早餐茶

提起早餐茶，最广为人知的莫过于英式早餐茶。清晨喝一杯奶茶、搭配吐司及煎蛋卷，就是一天的开始。除了英式早餐茶，还有爱尔兰早餐茶、印度早餐茶等，各地早餐茶茶叶配比各不相同，风格品味也各有特色。

英式早餐茶： 多用锡兰红茶和阿萨姆红茶，按照50/50的比例拼配。

爱尔兰早餐茶： 多用锡兰红茶和印度红茶，有时还会加入一些非洲茶叶和印度尼西亚茶叶，按照一定比例制成。

苏格兰早餐茶： 主要以肯尼亚红茶、阿萨姆红茶和大吉岭红茶原料制成。

威尔士早餐茶： 多用肯尼亚红茶和阿萨姆红茶拼配而成。

印度早餐茶： 使用阿萨姆红茶和大吉岭红茶拼配而成。

中式早餐茶： 优质祁门红茶加普洱茶制成。

法式早餐茶： 一种以阿萨姆红茶为主料，祁门红茶、黄山毛峰为辅料的拼配茶。

俄罗斯早餐茶： 印度红茶、肯尼亚红茶和中国红茶，按比例配成。

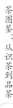

下午茶

享用下午茶是英国人下午喝茶、吃点心的传统，如今已经渐变成现代人的休闲习惯，在世界各地流行起来。

英式下午茶：多集中在下午三点到五点半，一杯红茶配三明治、蛋糕等点心。

法式下午茶：经典细腻的红茶配上马卡龙、拿破仑、泡芙、玛德莲等甜点。

中式下午茶：红茶或奶茶，加上几块简单的茶点。

红茶口感醇和、少涩味，配上点心，滋味清爽，是下午茶的经典搭配和理想选择。

调味茶

调味茶主要以红茶为主料，加入天然的花卉、水果香气，或混入花瓣、干燥的果皮果肉，而制成的一种茶。红茶的甘醇香浓，配以清淡的果香、花香，层次分明，滋味甜中带香，因而深受人们喜爱。

调味茶品类众多，其中最为著名的当数伯爵茶，也有带甜美气味的焦糖红茶、含清爽花香的茉莉红茶，以及加入经过干燥的红枣、苹果等水果果皮或果肉的水果调味茶。

格林伯爵茶
配方经典的著名调味茶

格林伯爵茶多以中国红茶为基茶，加入佛手柑调制而成。也有部分格林伯爵茶以大吉岭红茶和锡兰红茶为基茶，加入意大利压榨香柠檬油而制成。其香气特殊，因而风行欧洲。

特　　点：	多以滇红为主要原料，拼配阿萨姆红茶；多做成茶包；冲泡后茶汤红艳，香味浓郁，滋味甘醇
投 茶 量：	茶包1袋
泡茶水温：	95~100℃
冲泡时间：	2~3分钟

茉莉红茶
清雅与高贵的绝妙搭配

茉莉红茶以红茶和茉莉花一起窨制而成，冲泡后芳香扑鼻，汤色明艳，既有茉莉花的清香，又不失红茶的醇和、厚重。

特　　点：	外形条索紧实，带茉莉花香起，汤色红艳或橙黄，香味高远，滋味甘醇
投 茶 量：	1茶匙
泡茶水温：	95~100℃
冲泡时间：	3分钟左右

苹果茶
酸酸甜甜最迷人

苹果茶的制法相对较多：一是将苹果浓缩汁，喷入红茶中，使红茶带有苹果香气；二是将苹果皮、果肉干燥后切碎，与红茶混合；三是将新鲜苹果切薄片，与红茶一起泡茶。虽然统称苹果茶，但制法差异、使用苹果种类不一，苹果茶的风味也多种多样。

特　　点：	汤色红艳或橙红，带苹果香气，滋味酸甜醇厚
投 茶 量：	红茶1茶匙或茶包1袋
泡茶水温：	95~100℃
冲泡时间：	2~3分钟

红茶的等级

任何东西都是分等级的，红茶也不例外。在红茶的外包装上，经常能看到"OP""BOP""BOPF""D"等，这些就是等级的标志。

红茶是摘取茶树上的一心二叶或一心三叶，经过干燥、捻揉、发酵等程序制作而成的。由于茶树种类不同，叶片大小也会有差异，再加上各具特色的制作工艺，最后制成的红茶外形有大有小、有粗有细，因而需要用等级进行归类和区分。但分等级的目的是为了标识茶叶的部位和大小，以及它们对泡茶时间长短的影响，与红茶的品质、口感没有多大的关系。

一心二叶：
尖端心芽与2片叶子

一心三叶：
尖端心芽与3片叶子

【 红茶的CTC制法 】

用CTC制法做成的红茶称为CTC红茶，CTC是crush（压碎）、tear（撕裂）、curl（揉卷）这三个单词的缩写，表示红茶在制作时要经过这三个步骤，最后形成1~2mm的圆球颗粒状茶叶。

因为颗粒小，CTC红茶容易在短时间内出色、出味，所以常用来做茶包。阿萨姆红茶和肯尼亚红茶也常有CTC制法的产品。

1~2mm圆球颗粒；冲泡2分钟左右，就能得到一杯美味的红茶。

红茶等级分类

等级	特点
FOP (Flowery Orange Pekoe)	茶叶长10~15mm；成品以心芽 (Flowery) 为主，心芽越多品质越高
OP (Orange Pekoe)	茶叶长7~11mm；成品状如金针
P (Pekoe)	茶叶长5~7mm；与OP级红茶相比，P级红茶硬、短、粗，茶香和汤色淡一些
PS (Pekoe Souchong)	与P级红茶相比，PS级红茶更硬、短、粗，茶香和汤色更淡
S (Souchong)	与PS级红茶相比，S级红茶更圆一些，叶片大且硬；以正山小种为典型代表
BP (Broken Pekoe)	碎茶，不含心芽，由P级红茶的茶叶切碎而成
BPS (Broken Pekoe Souchong)	以PS级红茶的茶叶为原料，经过切碎、过筛等工艺制成；比BP级红茶大一些
BOP (Broken Orange Pekoe)	茶叶长2~3cm，由OP级红茶的茶叶切碎而成；含有较多心芽
BOPF (Broken Orange Pekoe Fannings)	1~2mm的细碎茶叶，由BOP级红茶的茶叶过筛得来；多用于拼配茶
D (Dust)	1mm以下的细碎茶叶或茶叶颗粒，是最细小的茶叶
F (Fannings)	比BOP级红茶小的细碎茶叶，由BOP级红茶过筛得来；比D级红茶的茶叶大一些

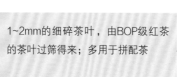

OP（Orange Pekoe）
代表茶叶：大吉岭红茶、祁门红茶等
茶叶特点：清香高雅，甘醇馥郁

BOP
 （Broken Orange Pekoe）
代表茶叶：锡兰红茶等
茶叶特点：香气浓厚，滋味浓醇

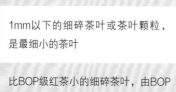

BOPF（Broken Orange Pekoe Fannings）
代表茶叶：阿萨姆红茶等
茶叶特点：容易冲泡，滋味浓烈；常用于茶包

冲泡红茶的茶具

俗话说："器有多美，茶就有多香"。想要冲泡好喝的红茶，离不开一套适合的茶具相助。

烧水壶

不论冲泡哪种茶叶，烧水壶是必备之品。电热水壶、玻璃壶、铁壶、陶壶等，只要家里有的，都可以使用。

电热水壶　　　　　　　　　　　　　　　　　**铁壶**

茶勺

用来量取茶叶，一般一茶勺为1杯
茶的量。

茶壶

中国红茶：多用工夫茶具、瓷盖碗、玻璃壶等。
西式红茶：陶瓷类西式茶壶，或玻璃壶。

中式茶壶

西式茶壶

【如何挑选西式茶壶】

挑选西式茶壶，既要重外
观设计，也要选对材质，
注重品质。一般选陶瓷制
品，白色为佳。

壶嘴滴水干净利落，
不存水

茶盖贴合度好，内侧有
卡榫为佳

壶身呈圆形
或椭圆形

壶把能完全放入四
根手指，并与壶嘴
在一条线上

茶图鉴：从识茶到品茶

138

茶滤网

分传统茶滤网、附滴盘的茶滤网。若茶叶叶片大，选用滤眼大的滤网；若茶叶细碎，选用滤眼小而密的滤网。

传统滤网

附滴盘的茶滤网

茶杯

中国红茶

多用工夫茶具、小瓷杯或小玻璃杯等。

西式红茶

多用内侧白色、杯口宽大、杯底浅、上大下小、带杯托的茶杯，类似于咖啡杯套装。

辅助工具

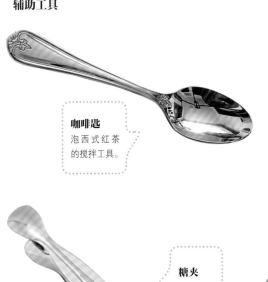

糖匙
量取白
糖用。

咖啡匙
泡西式红茶
的搅拌工具。

糖夹
取方糖时
使用。

沙漏
下午茶时计时
用，一般沙漏
的运行时间为
3~5分钟。

牛奶壶
西式奶茶常加牛
奶，一般容量为
150~200mL。

隔热垫
刚泡好红茶时，茶
壶较烫，用隔热垫
可隔热防烫伤。

红茶的冲泡方法

按生产国别分，红茶有中国红茶和西式红茶。中国红茶的泡法，可参照第一章"中国茶的冲泡方法"，这里主要介绍西式红茶的泡法。

冲泡西式红茶，讲究5条"黄金原则"：

🫖 黄金原则一：选优质茶叶

茶叶质优，茶汤方好。喝红茶，一定要选择自己喜欢的、最佳季节生产的（红茶多以夏季出产的品质优良稳定）。

尽量使用新茶，因为旧茶叶放久了，香气和味道可能会变淡、变差。

🫖 黄金原则二：温热茶壶、茶杯

茶壶、茶杯是冷的，放入茶叶后倒入热水，热水要先将热量传给茶壶、茶杯，再传给茶叶，这样不利于茶叶的舒展和出味，茶汤也容易变凉。所以，泡茶之前要先把热水倒进茶壶、茶杯，使它们变得温热后再泡茶。

🫖 黄金原则三：茶叶份量要合适

茶叶与热水比例合适，是茶汤美味的基础。泡茶时，先按基本规则放茶叶，再根据个人喜好调味。

🫖 黄金原则四：用新鲜的沸水

家里常用的泡茶水主要使自来水和矿泉水。矿泉水直接烧沸后泡茶，而自来水烧沸后，要继续沸腾3~5分钟，以使水中的氯气挥发。不要用反复烧开的沸水，也不能用隔夜的水。

🫖 黄金原则五：冲泡时间要精确

红茶的冲泡时间也要因茶制宜，通常叶片完整、条索紧密的，要多泡一会儿；碎茶、茶包的冲泡时间要短一些。

西式红茶茶叶使用量和冲泡时间（1杯茶份量）

茶叶等级	茶叶形态	茶叶使用量	冲泡时间
OP（Orange Pekoe）	叶片较长而完整	3~4g（1大尖匙）	3~5分钟
BOP（Broken Orange Pekoe）	较细碎的OP	2.5~3g（1中尖匙）	2~3分钟
D（Dust）	粉末状，多为茶包	1袋或2~2.5g（1小尖匙）	1~2分钟
CTC（Crush Tear Curl）	极小的颗粒状，多为茶包	1袋或2~3g（1小尖匙）	1~3分钟

纯红茶的冲泡方法

遵循严格的要求，控制好水温、冲泡时间，不加任何调味料，就能得到一杯汤红、叶红、味醇的纯红茶。香气高雅，滋味甘醇、少涩味的茶叶，都适合纯红茶的泡发。

泡纯红茶，可以用紫砂壶、玻璃壶、瓷壶等。如果想要欣赏红茶的茶汤颜色、茶叶之姿，还有茶叶在水中沉浮漂移之境，可以用玻璃壶。

喝红茶时，最好用杯口较宽、杯底浅的茶杯，尤其白瓷杯，这样既能享受到红茶的芳香，又能观赏红茶迷人的茶色。

适用茶叶：祁门红茶、正山小种、宜红、川红、滇红、政和工夫、大吉岭、乌巴、肯尼亚等冲茶
2杯份材料：红茶2茶匙，热水300mL

1 **温热茶具**
烧水壶加水烧沸，然后把热水倒入所有茶壶、茶杯中，5~7秒后把茶壶中的热水倒掉。

2 **放茶叶**
用茶匙将茶叶放入壶中。全叶型茶叶放2大尖匙，碎茶放2中尖匙。

3 **倒水**
将沸腾的开水一次性快速倒入茶壶中。

4 **泡茶**
盖上壶盖，根据茶叶类型，闷泡1~5分钟。

5 **滤茶**
把茶漏网放在另一个茶壶上，然后倒入泡好的茶汤。倒完后，上下甩动茶漏网，尽可能使茶汤都滴入茶壶中。

6 **分茶**
把茶杯中的热水倒掉，然后依次把茶汤均匀地倒入茶杯中，就可以小口、慢慢品饮了。

奶茶的冲泡方法

奶茶好不好喝，茶叶的质量优劣与口感好坏是关键。优质的红茶，泡出来的茶汤香甜醇厚，而劣质的红茶，泡出来的茶汤酸涩异常。在泡奶茶时，为了突出茶的味道，不让牛奶和调味品喧宾夺主，最好选择味道浓郁强劲的茶叶，如阿萨姆红茶、乌巴红茶、肯尼亚红茶等。

冲泡奶茶时，茶叶的使用量一般以一杯红茶放1尖匙茶叶为基准。牛奶和热水的比例通常是1:1，这样既能保留了茶叶的原香，又不失牛奶的细腻。也可以根据自己的喜好来调整茶叶和牛奶的量。比如喜欢喝茶味浓一些的，可以多放点儿茶叶，少放点儿牛奶。

适用奶茶的红茶：阿萨姆、尼尔吉里、多尔兹、乌巴、汀普拉、爪哇、肯尼亚等红茶

2杯份材料：红茶2茶匙，热水160mL，牛奶160mL

使用茶具：茶匙、茶壶、珐琅锅或奶锅、茶滤网、烧水壶

1 放茶
锅里加水，烧沸后，关火，把茶叶放入锅里。

2 加奶
一次性加入所有牛奶，开大火，一面煮牛奶一面搅拌，防止煳底。当锅边冒出细小的泡泡时，立即关火。

3 滤茶
把茶滤网放在茶壶壶口上，倒入奶茶，最后上、下甩动过滤网，使所有奶茶都滴入茶壶中。

4 分茶
依次均匀地把奶茶倒入茶杯中。

【纯红茶加牛奶】

在纯红茶中加入牛奶，也能泡出美味的奶茶。与煮奶茶相比，泡出的奶茶口感清爽滑顺。

1 泡纯红茶
按照纯红茶的方法，泡出一杯纯红茶。

2 加奶
按照自己的口味，把常温牛奶倒入纯红茶中，搅拌均匀。不要用低温牛奶，以免影响红茶的风味。

冰茶的冲泡方法

自古以来，人们多是以热开水泡红茶，以享受茶叶的优雅香味和甘甜味醇的滋味。随着饮食文化的发展，突破传统喝茶法的"冰茶"开始流行起来，尤其是在夏天，将泡得浓浓的红茶，一口气倒入装满冰块的杯中，入口香浓爽口。

冰茶泡得好不好，关键在于是否能控好红茶的浓度。杯中的冰块会使茶汤的温度骤然变化，会削弱茶汤的味道，所以泡冰茶时，红茶的量是泡纯红茶时的一倍，即一杯茶要用2茶匙的茶叶。

适用冰茶的红茶： 坎迪、尼尔吉里、汀普拉等红茶
2杯份材料： 红茶2茶匙，热水80~100mL，冰块适量
使用茶具： 茶匙、茶壶（2个）、茶滤网、烧水壶、玻璃杯、搅拌棒

1 温壶
烧水壶加水烧沸，倒入茶壶中，放置5秒左右，把壶中热水倒掉。

2 放茶
把茶叶放入茶壶中。

3 加水
将热水倒入茶壶中。因为要加冰块，所以不需要太多的热水。

4 泡茶
倒好热水后，立马盖上壶盖，根据茶叶类型闷泡1~5分钟。

5 滤茶
把茶滤网放到另一个茶壶的壶口，倒入步骤4泡好的红茶，过滤掉茶渣。最后要上下甩一甩茶滤网，使茶汤都滴入壶中。

6 倒茶
将冰块放入玻璃杯中至2/3左右，一口气冲入红茶，用搅拌棒搅拌一下，冰茶就泡好了。

茶包的冲泡方法

除了传统的饮茶方式外，更多年轻人喜欢方便、快捷的茶包。茶包也叫袋泡茶，是将磨碎的茶包放入一个用滤纸做的小袋里，上面连着一条线，冲泡后直接将残包取出扔掉的一种茶。

茶包里的茶多为碎茶或用CTC制法生产的茶叶，容易出色、出味，如果不注意细节，很容易泡出苦涩、难以下咽的茶。用茶包泡茶，应注意以下几点：一袋茶包只能泡一杯茶，一般泡1~2泡；泡茶时，要加盖锁住高温，充分闷泡；取出残包时要轻轻晃动再缓缓取出，用汤匙挤压会将苦涩的味道挤到茶汤里。

1杯份材料：茶包1袋，热水160mL
使用茶具：茶杯、烧水壶

1 温杯
烧水壶加水烧沸，将热水倒入茶杯中，5秒后将杯中热水倒掉。

2 倒水
将茶包放入杯中，倒入热水。

3 泡茶
热水倒好后，迅速加盖闷泡。如果茶杯没有盖子，可用茶碟当盖子。泡茶时间依个人口味而定，喜欢喝淡茶，泡40秒左右就可以了；喜欢喝浓茶，则泡2分钟左右。

4 取茶包
茶泡好后，来回轻轻晃动茶包2次，缓缓取出，沥干水滴，一杯红茶就泡好了。

【 茶包的历史 】

　　茶包的创意最早出现在19世纪末，到1904年，美国茶叶商人托马斯·沙利文将茶叶样本装入布袋里寄给顾客，而其中一位客人发现不去掉袋子也能轻松地泡出红茶，于是这一方法逐渐传播出去。

　　1920年，茶包在美国普及开来。从1960年开始，茶包在英国也慢慢推广，如今已经成为英国人喝红茶的主要方式。茶包的材质，也从布逐渐被纸替换，如今还加入了无纺布、尼龙网等材料。茶包的内部，为了更好地析出红茶的味道，也从叶片型茶叶变成碎茶或CTC茶叶，朝着泡出更好、更美味的红茶方向发展。

喝红茶，配美味茶点

　　红茶属于全发酵茶，味道醇厚而浓郁，适合搭配的茶点很多：配苏打类或带咸味、淡酸味的点心，如山楂糕、野酸枣糕、乌梅糕、蜜饯等，酸、咸使红茶的香醇更突出；配带奶香、甜味的吐司面包、蛋糕等，甜味使红茶更显浓郁。

🫖 山楂糕

　　红茶甘醇浓厚，山楂糕酸甜可口，搭配食用，更能凸显茶香茶味。

适宜茶类：全叶型红茶，如中国红茶。

🫖 饼干

饼干是生活中最常见的零食，经过烘焙后带有独特的谷物香气，搭配优质的全叶型红茶，茶香与谷物香气搭配，既可饱腹，又不失品茶之趣。

适宜茶类：全叶型红茶，如中国红茶。

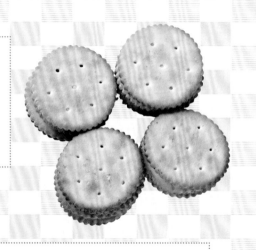

🫖 司康

司康被誉为英式甜品的"扛把子"，香甜酥脆，滋味可口。喝红茶时，吃上几块司康，享受悠哉的下午茶时光，好不惬意！

适宜茶类：纯红茶、奶茶、调味茶等。

🫖 马卡龙

颜色鲜艳、造型独特的马卡龙，口感轻柔，风味独特。搭配滋味浓烈的纯红茶，马卡龙的香甜能中和掉茶叶中的苦涩味道，使茶和茶点的口味达到绝妙的平衡。

适宜茶类：大吉岭红茶、乌巴红茶等。

🫖 蛋糕

喝英式下午茶，一小块蛋糕是必备纸品。奶油、巧克力……不论哪种口味，香甜的味道混合茶香，让人回味无穷。

适宜茶类：阿萨姆红茶、尼尔吉里红茶等。

🫖 布丁

奶油布丁、香蕉布丁、芒果布丁……
不论哪种口味，口感顺滑细腻的布丁能
让强烈、刺激的茶变得温和起来。

**适宜茶类：阿萨姆红茶、乌巴红茶、
调味茶等。**

🫖 三明治

喝下午茶，一款夹有黄瓜片、蔬
菜叶的三明治是理想选择，既能补充
体力，又能突出红茶的香甜。

**适宜茶类：各种茶类冲泡的纯红
茶、奶茶等。**

🫖 仙贝

仙贝是日本和果子的一种，焦香酥脆，
在喝红茶之前时吃几口，喝茶时略微含住茶
汤，能感受到茶汤更加醇香。

适宜茶类：锡兰拼配茶、肯尼亚红茶等。

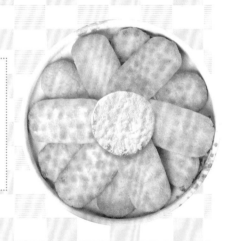

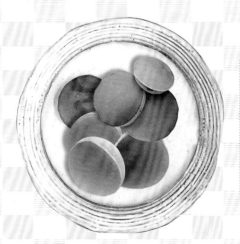

🫖 铜锣烧

铜锣烧是常见的日式点心，比较
甜，适宜多种红茶。

**适宜茶类：阿萨姆红茶、坎迪红
茶等。**

第三章　红茶世界

红茶的挑选与保存方法

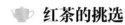 **红茶的挑选**

市场上的红茶种类繁多，价格与品质差别也很大，要想买到一款适合自己的红茶就要精挑细选。

中国红茶的挑选

选中国红茶，离不开色、香、味、形四种方法。

◇ **色**

红茶以乌褐而带油润、含较多橙黄色芽尖者为佳，叶色暗黑或表面发灰者质量差。

◇ **香**

抓把干茶贴近鼻子，香气浓郁纯正者为佳；如散发出青草味或霉、馊等异味的质量差。

◇ **味**

冲泡后的茶汤，以醇厚、鲜香、上口即感甜爽者为优，带苦涩味者劣之。

◇ **形**

条索干净整洁，无碎茶或者碎茶少的品质为优；条索粗松，碎茶多者为差。

外国红茶的挑选

购买阿萨姆、大吉岭、锡兰等外国出产的红茶，需要到超市、茶叶专卖店或国外食品专营店，也可以进行网购。因为进入中国市场的外国红茶几乎都是包装好的，没有散茶，再加上品种和工艺的差异，所以不能按照中国红茶色、香、味、形的方法来挑选。在挑选外国红茶时，应注意以下问题：

◇ **茶叶的量**

茶叶放久了会影响香味和口感，因而挑选茶叶时确定外包装上的克数或茶包袋数，尽量挑选可以1个月以内喝完的。

◇ **保质期**

注意外包装上的生产日期和保质期，离保质期时间较近、超过保质期的都不要买。最好买最近生产的。

◇ **等级**

注意茶叶外包装上的等级标识，等级不同，冲泡方式也会不同。

🫖 红茶的保存

保存红茶，一要用合适的容器，二是要"三避"（即避开潮湿环境、避开日光直射、避开异味）。

罐藏法

建议选用密封性好、容易开关的茶叶罐或茶叶筒来保存红茶，因为它们能有效隔绝环境对茶叶的影响。

原袋保存法

如果没有保存茶叶的容器，又不想购买，可准备一个宽一些的夹子。使用时，先把茶叶袋里的空气挤压出来，开口处折一折，然后用夹子加紧，也能隔绝空气。

保存袋法

红茶茶包之类的产品，如果外包装为防水的袋子，可以用上面提到的原袋保存法；如果外包装是纸盒，建议把茶包放入带拉链的夹链自封袋里保存。使用时，要先把袋子里的空气挤压出来，然后再拉拉链密封好。

第四章

健康茶、花草茶及茶饮料

用植物、花卉、果实做成的茶饮，亦如茶树的叶子，香气馥郁，给生活带来不一样的感受。它们又与众不同，兼具保健作用，有的能解渴，有的能暖身，有的能消除水肿，有的能止咳化痰……选一款对的茶饮，每天都与健康做伴。

健康茶、花草茶

除了用茶树的叶子可以制成茶叶，很多植物的根、叶、茎、果实等，经过科学的处理，也可以做成"茶叶"。这一类茶叶虽然不含"茶叶"的成分，但却各有效能，发挥维持健康、预防疾病、改善症状等作用。

🫖 认识健康茶、花草茶

健康茶主要分两类：一是以绿茶、红茶或乌龙茶等茶叶为主要原料，配以中药制成；二是以草药为原料，不含茶叶，只借用了"茶"这个名称。

花草茶虽然带"茶"字，但它其实不含茶叶成分，其指将植物的根、茎、叶、花、皮等部分，用水冲泡或煎煮而产生的，具有芳香味道的饮品。

山楂绿茶

西洋参茶

月季花茶

【 挑选健康茶、花草茶，要遵行的原则 】

一是按需选择，即按照自己的身体状况进行选择；

二是按味选择，健康茶、花草茶需要长时间饮用才见效果，因而茶"好喝"也显得很重要；

三是遵医嘱选择，因为健康茶、花草茶里多有中草药，所以选择健康茶、花草茶不要盲目，不能跟风，要遵医嘱，选对了才能最大程度地发挥其保健作用，选错了反而会对身体有不利影响。

冲泡健康茶、花草茶

选对茶，也要正确冲泡。健康茶、花草茶可分为干燥型茶叶、茶包、可溶性粉末等多种类型，类型不同，冲泡方式也不一样，有的仅用热水浸泡，就能出茶香、茶味；有的需要用开水煮，才能释放出味道。不论哪种类型的健康茶、花草茶，按照使用说明或遵医嘱来冲泡就可以了。

【健康茶、花草茶的常用冲泡方法】

1 烧水
将适量水倒入锅里，煮沸，水沸之后再煮几分钟。煮茶用的锅最好用宽口的；避免使用铁锅，最好用砂锅或陶瓷类材质的锅。

2 煮茶
把茶放入锅里煎煮。煎煮时要控制好时间，有的茶煎煮时间太长，可能会使香气流失或使茶带有较浓的苦味。

3 滤茶
将煮好的茶用茶滤网过滤到茶碗中；也可以过滤到一个大壶里，每次饮用时轻轻摇晃壶身，使茶汤浓度变得均匀。

品饮健康茶、花草茶

饮用健康茶、花草茶，需要弄清茶的药理、药性，以及每天饮用的次数和量。建议在饮用前咨询医生，适当饮用，才能充分发挥茶的保健功能。

红花茶

女性朋友的珍品，兼顾调理身体机能和美容养颜

红花是菊科植物，夏季花由黄变红时采摘，经过风干、晾晒等科学方式处理后做成的茶，即为红花茶。红花自古就是活血化瘀的常用药，《本草经疏》有记载："红花，乃行血之要药。"月经不调时，在医生的指导下，适量喝红花茶，有调理月经、缓解痛经、淡化色斑等好处。

【 功效 】

> 调理月经

> 降低血压

> 降低血脂

> 消肿

> 止痛

> 红润皮肤

> 淡化色斑

【 冲泡方法 】

准备材料： 红花适量（用量遵医嘱），250mL左右的玻璃杯。

泡茶方法：

1.将红花放入玻璃杯中，先冲入95℃左右的热开水至玻璃杯容量的1/3左右，5秒后把杯中的水倒掉。

2.再次向杯中冲入开水至七八分满，浸泡3~5分钟即可。

洋甘菊原产于英国，有"大地的苹果"之称。洋甘菊茶芳香怡人，能安抚人的情绪，缓解焦虑，使人心情平静。如果感冒头痛，喝洋甘菊茶，它的芳香清润和类黄酮等物质，能缓解不适症状。

洋甘菊茶

洋甘菊花朵中心黄色、花瓣白色，带有甘甜香气

【功效】

> 稳定情绪
> 帮助睡眠
> 缓解腹胀
> 促进食欲
> 利尿
> 镇痛消炎

【冲泡方法】

准备材料： 洋甘菊1~2茶匙或洋甘菊茶包1袋，带盖玻璃杯。

泡茶方法：

把洋甘菊放入杯子中，冲入沸水，加盖浸泡至花朵舒展就可以了。洋甘菊茶可以直接饮，也可以根据个人喜好加蜂蜜或牛奶调味。

蒲公英茶

蒲公英是一种味道柔和、药食兼用的香药草

蒲公英全身都是宝，根部炒过之后，带有咖啡香味，可以用来当咖啡；新鲜的蒲公英叶子可以当凉拌菜吃；干叶子可以用来泡茶。蒲公英又称尿床草，有很好的利尿效果。它还有清热、解毒的作用，尤其在夏天，感觉喉咙干涩、肿痛时，可以喝蒲公英来改善。

【功效】

> 利尿
> 清火
> 保护肝脏
> 促进消化
> 改善便秘
> 改善发热感冒
> 改善乳腺炎
> 催乳、通乳

【冲泡方法】

准备材料：蒲公英1~2茶匙。

泡茶方法：

把蒲公英放入杯中，冲入90℃左右的热水，加盖闷泡至自己喜欢的浓度。蒲公英茶宜清饮，加糖会影响它的药用价值。

鱼腥草是一种野菜，同时也是一味不错的中药材。它是天然的抗生素，有很强的抗菌作用，所以在预防流感时能起到一定的作用。它还有很强的利尿作用，加上抗菌作用，因而经常喝鱼腥草茶，对改善泌尿系统炎症有不错的效果。

鱼腥草茶

鱼腥草也可以用来煮茶，味道芳香类似红茶

[功效]

> 利尿
> 防止水肿
> 改善尿道炎
> 改善膀胱炎
> 预防感冒
> 消除便秘
> 清热解毒
> 提高免疫力

[冲泡方法]

准备材料： 鱼腥草1~2茶匙。

泡茶方法：

将鱼腥草放入茶杯中，倒入沸水，加盖闷泡至自己喜欢的浓度。也可以把鱼腥草放入砂锅中，加水用小火煮沸，然后过滤茶渣饮用。

艾草茶可以单饮，也可以搭配红花、红糖、红枣、当归等，滋味和作用各不相同

在艾叶第一次发芽时，采取芽头，经过阴干等数道工艺而制成的艾叶干品，就是艾草茶。艾草是茶叶，也是一味中草药，常用来调理月经，改善虚寒症状。艾草中的单宁酸、叶绿素等成分，还有抗过敏、杀菌、保护肠胃、增强免疫力的作用。

〔 功效 〕

> 缓解疲劳
> 调理月经
> 抗敏消炎
> 温暖肠胃
> 保护肝脏
> 增强免疫力
> 改善手脚冰凉

〔冲泡方法〕

准备材料：艾草茶1~2茶匙或艾草茶包1袋。

泡茶方法：

将艾草茶放入水中，加入沸水冲泡，10~15秒即可倒出茶水饮用。之后每一泡依次延长浸泡时间，可连续冲泡4~6次。

红枣是生活中常见的食物，它可以直接吃，也可以切碎，然后加水泡成红枣茶。红枣营养丰富，它所含的维生素、糖类、氨基酸等成分，都是保持身体健康不可缺少的物质。红茶还有红润皮肤的作用，冬季天气寒冷，泡上一杯红枣茶，香甜中让人暖心暖肚，面色变得红润美丽。

枣茶

红枣的维生素非常高，是『天然维生素丸』

[功效]

> 消除疲劳
> 保护肝脏
> 预防高血压
> 改善肠胃
> 缓解焦虑情绪
> 改善失眠
> 抗过敏
> 美容护肤
> 增强免疫力

[冲泡方法]

准备材料： 枣茶茶包1袋。

泡茶方法：

把枣茶放入杯中，冲入热水，加盖泡至自己想要的浓度。

柿叶茶

民间流行的传统保健茶，香气清淡，口感舒适

柿叶茶是用柿子树的叶子为主要原料，经过烘干、脱水等工艺，加工成类似于茶叶的一种茶。柿叶维生素C含量特别丰富，而且所含的维生素C不容易被高温破坏。它还含有钾、茶多酚、类黄酮等对人体有用的物质，这些物质对降低血压、促进身体血液循环有很大的益处。

【功效】

> 降低血压

> 降低血脂

> 抗菌消炎

> 预防感冒

> 缓解腹泻

> 提高免疫力

【冲泡方法】

准备材料：柿叶茶1~2茶匙。

泡茶方法：

把柿叶茶放入杯中，冲入沸水，加盖闷泡3~5分钟。

番石榴茶

番石榴茶味道清香，口感香甜，鲜果果肉嫩滑脆口，十分美味

　　番石榴茶是用番石榴的叶子，经过干燥等工艺制作而成的茶。也有的地方用番石榴的叶子、果实以及其他的植物干叶配制成茶。番石榴茶含有丰富的维生素C、多酚类化合物和多种矿物质，这些营养成分赋予了番石榴茶多种功效。

【功效】

> 预防糖尿病
> 预防高血脂
> 调理肠胃
> 减肥瘦身
> 美容护肤
> 提高免疫力

【冲泡方法】

准备材料： 番石榴茶1~2茶匙或番石榴茶茶包1袋。

泡茶方法：

将茶叶放入杯子中，冲入沸水，加盖闷泡至自己想要的浓度。也可以用煮茶的方法：水烧沸后，放入番石榴茶，再次沸腾后关火，加盖闷泡。

第四章　健康茶、花草茶及茶饮料

枸杞茶

枸杞茶是精选枸杞牙尖和嫩叶作为原料，采用独特工艺制成的茶。枸杞茶味道清甜，口感细腻柔和，并且富含维生素A、维生素C、植物胰岛素及多种氨基酸，是美容、抗衰老的理想选择。

枸杞通身是宝：叶子可以用来泡『枸杞茶』；果实枸杞子可以用来做药膳或泡茶；根部称『地骨皮』，可以当药材

【功效】

> 改善血压
> 预防动脉硬化
> 强化肝脏功能
> 改善高血糖
> 改善便秘
> 美容养颜
> 提高免疫力

【冲泡方法】

准备材料： 枸杞茶1~2茶匙或枸杞茶茶包1袋。

泡茶方法：

把枸杞茶放入杯中，加入80℃左右的热水，加盖闷泡2~3分钟。

苦瓜茶是用新鲜的苦瓜，去瓤切片，经过干燥等工艺制成的一种茶。它因易冲泡、清香、味道佳的特点，深受人们的青睐。尤其是在夏天，泡一杯苦瓜茶，凉凉后放入冰箱里冷藏1个小时，甘苦、冰凉的茶汤十分解暑。

苦瓜茶

自己做苦瓜茶：选成熟度适中的苦瓜→清洗→去瓤→切片→晒干→保鲜袋保存

【 功效 】

> 预防动脉硬化
> 预防感冒
> 改善中暑发热
> 促进消化
> 降低血脂
> 改善高血压
> 利尿
> 减肥瘦身

【 冲泡方法 】

准备材料： 苦瓜3~4片。

泡茶方法：
把苦瓜茶放入杯中，倒入70℃左右的热水，浸泡至自己喜欢的浓度。

香菇茶

自制香菇茶：香菇晒得特别干，然后切得特别细碎，或者直接磨成粉，就是香菇茶了

香菇茶是一种以香菇为原料，经过干燥、切碎等处理而制成的茶。香菇茶香气独特，味道鲜美，其所含的香菇嘌呤是降低血脂、调节血压的重要成分，还是抗病毒、改善机体代谢、增强免疫力的能手。

【功效】

> 改善高血压
> 降低血脂
> 预防动脉硬化
> 改善肝功能
> 预防佝偻病
> 提高免疫力

【冲泡方法】

准备材料：香菇茶一把。

泡茶方法：

把香菇茶放入茶壶中，冲入沸水，加盖闷泡一晚上，使香菇里的营养物质充分溶解，第二天用茶滤网过滤后饮用。如果用的是研磨成末状的香菇茶，直接冲入沸水，加盖闷泡10~15分钟。

桑叶茶是用优质嫩桑叶为原料，经过杀青、烘干等工艺制作而成的茶叶。桑叶茶含有的生物碱、氨基酸、多酚类化合物、类黄酮等物质，赋予了桑叶茶很高的保健作用。其所含的生物碱，是促进胰岛素分泌、降低血糖的重要成分。

桑叶茶用热水冲泡，汤色清澈明亮，清香甘甜，鲜醇爽口

【功效】

> 改善糖尿病
> 利尿作用
> 淡化色斑
> 改善肤色
> 消除疲劳
> 预防感冒

【冲泡方法】

准备材料： 桑叶茶1~2茶匙。

泡茶方法：
将桑叶茶放入杯中，冲入沸水，加盖闷泡3分钟左右。

高丽人参茶

用高丽人参泡茶，茶香独特，味道微苦、回甘

高丽人参茶是以高丽参作为原料制成的一种茶。它是很好的滋补品，身体虚弱、容易疲累、没有精神时，都可以喝高丽人参茶以增强体力，消除疲劳。高丽人参还含有促进胰岛素分泌和类似胰岛素作用的物质，所以高丽人参茶也用于糖尿病的食疗。

【功效】

> 调节血糖
> 改善糖尿病
> 调节血压
> 缓解疲劳
> 强健身体
> 提高抗压能力
> 抗氧化
> 增强免疫力

【冲泡方法】

方法一

准备材料： 干燥的高丽人参1根。

泡茶方法：

将高丽人参放入砂锅中，加入500mL的水，小火煎至汤汁减少一半，即可关火，凉温后当茶饮用。

方法二

准备材料： 高丽人参茶10~15片。

泡茶方法：

将高丽人参茶放入杯中，冲入沸水，加盖闷泡15分钟左右。高丽人参茶可以反复冲泡，当茶味变淡，可嚼食人参片。

杜仲茶

中药材里的杜仲用的是树皮部分，杜仲茶用的是茶叶部分

用杜仲的茶叶为原料，用传统茶叶工艺以及中药饮片加工工艺制作而成的茶叶，就是杜仲茶，其中以嫩芽杜仲茶品质最高。杜仲茶微苦回甘，营养价值极高，它含有的多糖类物质、胶原蛋白、钾、锌等物质，是促进血液循环和提高人体代谢机能的利器。

【功效】

> 稳定血压
> 利尿作用
> 改善便秘
> 改善睡眠
> 抗疲劳作用
> 改善肤色
> 减肥瘦身

【冲泡方法】

准备材料： 杜仲茶1~2茶匙。

泡茶方法：

将杜仲茶放入杯中，冲入85℃左右的热水，加盖闷泡5分钟左右。

挑选苦荞麦茶时，以色泽呈黄绿色或棕褐色、大小均匀、没有色差，带炒米香的为佳；颜色发白或深浅不一，带有其他类型香味或者异味的，品质较差

苦荞麦茶是一种以苦荞麦为原料，经过干燥、切碎等处理而制成的茶。苦荞麦茶香气独特，味道鲜美，经常饮用能起到一定的降低血脂、调节血压作用，还能抗病毒、改善机体代谢、增强免疫力。

【 功效 】

> 预防糖尿病
> 缓解便秘
> 调理肠胃
> 改善肤色
> 延缓衰老
> 排毒减肥

【 冲泡方法 】

准备材料：苦荞麦茶1~2茶匙。

泡茶方法：
将苦荞麦茶放入杯中或水壶中，迅速倒入沸水，加盖闷泡5~10分钟。

野草莓茶

野草莓的果实大小和花生米相近，成熟后呈血红色，味道酸甜可口

野草莓茶以野草莓的根、茎、叶子作为原料，经过晒干、切碎等工艺制成。相比于其他花草茶，野草莓茶带有草香，没有涩味，容易入口，而且含钙、磷、铁等物质，有提高肾脏功能、调节肠胃等作用。

〔功效〕
> 利尿作用
> 缓解膀胱炎
> 改善腹泻
> 保护牙齿
> 促进消化
> 提高免疫力

〔冲泡方法〕
准备材料：野草莓茶1茶匙。
泡茶方法：
将野草莓茶放入杯中，冲入85℃左右的热水，加盖泡3分钟左右。也可以搭配香味较浓的花草茶冲泡，野草莓茶能使其味道变得比较温和。

大麦茶

选大麦茶，宜选炒得略微焦黄、没有杂质、颗粒小而饱满、带有淡淡焦香为佳

大麦茶是日常生活中常见的一种饮品，是将大麦炒成焦黄，用沸水冲泡或加水煎煮而成。它含有碳水化合物、植物蛋白、B族维生素、不饱和脂肪酸等营养成分，是开胃、助消化的小能手，经常喝还能起到减肥的作用。

〔功效〕
> 助消化
> 改善便秘
> 增进食欲
> 减肥
> 降低血脂
> 降胆固醇
> 回乳
> 消除暑热

〔冲泡方法〕
准备材料：大麦茶一撮或茶包1袋。
泡茶方法：
将大麦茶放入水壶中，加入沸水，加盖闷泡15分钟左右。或者锅里加水煮沸，放入大麦茶后煮5~10分钟。

用接骨木的花泡出来的茶，就是接骨木茶。接骨木茶口味温润，味道香甜，喝一口温热的茶汤，能缓解感冒引起的喉咙干痒、咳嗽等不适。用泡得很浓的接骨木茶漱口，可抗菌消炎、缓解喉咙疼痛。

接骨木茶

红茶叶里加上一小撮接骨木花，泡出来的茶带有甜美的香味

〔功效〕

> 抗菌消炎
> 缓解喉咙疼痛
> 发汗
> 止咳祛痰
> 缓解感冒
> 利尿作用

〔冲泡方法〕

准备材料： 接骨木花 1~2茶匙。

泡茶方法：
将接骨木花放入杯中，加入90℃左右的热水，然后加盖闷5分钟。

荷叶茶

如果给减肥茶排名，前三名必有荷叶茶

将荷叶炮制成茶，加水冲泡饮用，可调理肠胃，使大便通畅，对减肥有帮助。此外，荷叶茶还是很好的静心饮料。夏天气温高，容易心烦上火，适量喝荷叶茶，荷叶的清香能让人放松心情，缓解焦虑情绪。

【功效】
> 改善便秘
> 排毒
> 缓解焦虑
> 静心
> 利尿
> 抗菌

【冲泡方法】
准备材料： 荷叶茶1~2茶匙。
泡茶方法：
将荷叶茶放入杯中，倒入85℃左右的热水，加盖闷泡2~3分钟。干荷叶茶味道比较苦，可根据个人喜好加蜂蜜调味。

枇杷叶茶

枇杷叶茶香气清雅，味道苦，喝时可以加蜂蜜调味

枇杷叶茶是以枇杷树鲜叶为原料，经过刷毛、切碎、烘干等工艺制成的一种茶。枇杷叶有清肺、止咳的作用，被广泛运用于止咳药中。感冒咳嗽、喉咙干痒时，用枇杷叶泡茶喝，有很好的保健作用。

【功效】
> 止咳化痰
> 缓解喉咙疼痛
> 改善感冒

【冲泡方法】
准备材料： 枇杷叶茶1~2茶匙。
泡茶方法：
将枇杷叶茶放入杯中，冲入85℃左右的热水，加盖闷泡3分钟左右，凉温后加蜂蜜调味。

将薏仁用小火炒至表面微黄色，晾干后就是薏仁茶。它含有的蛋白质、维生素B_1、维生素B_2等成分，能淡化色斑，使皮肤变得光滑。容易疲劳、四肢无力，也可以喝薏仁茶来改善。

自制薏仁茶：把薏仁洗净，滤干水，平铺在平底锅上，然后开小火，翻炒至有米香、表面呈微黄色

【功效】

> 淡化色斑
> 改善皮肤粗糙
> 美白
> 减肥
> 抗疲劳
> 利尿
> 调理肠胃

【冲泡方法】

准备材料：薏仁茶1~2茶匙。

泡茶方法：
把薏仁茶放入杯中，冲入沸水，加盖闷泡10分钟。或者把薏仁茶放在水壶里，用水煮开。

第四章 健康茶、花草茶及茶饮料

莲子心茶

新鲜莲子心翠绿、细嫩，可以直接嚼食

将成熟的莲子剥开，取出绿色胚（莲心），晒干，就是莲子心茶。莲子心含有的荷叶碱、芦丁、钙、磷和钾等物质，有安抚情绪、降低血压、促进睡眠等多种作用。心情烦躁失眠时，不妨试试莲子心茶。

【功效】
> 清火
> 缓解烦躁情绪
> 改善失眠
> 降低血压
> 排毒
> 改善口腔溃疡

【冲泡方法】
准备材料：莲子心茶1茶匙。
泡茶方法：
将莲子心茶放入杯中，倒入80℃左右的热水浸泡1~2分钟。

苦丁茶

喝苦丁茶最好用玻璃杯，以观赏茶叶在水中舒展的样子

苦丁茶虽苦，但含有苦丁皂苷、氨基酸、维生素C、多酚类、黄酮类、咖啡因等多种物质，有很高的保健价值，适量饮用，对控制血压、血脂，缓解积食、便秘，改善肥胖，淡化色斑等都有益处，因而苦丁茶又有"美容茶""减肥茶""降压茶"等美称。

【功效】
> 控制血压
> 降低血脂
> 改善肥胖
> 改善便秘
> 促进消化
> 淡化色斑
> 改善皮肤暗沉
> 提高免疫力

【冲泡方法】
准备材料：苦丁茶1~2茶匙。
泡茶方法：
将苦丁茶放入杯中，冲入85℃左右的热水，加盖闷泡3分钟左右，凉温后加蜂蜜调味。

茶饮料

喝茶是非常有利于身体健康的，但是难免乏味。偶尔来一杯茶饮料，冬天热饮，夏天冰饮，既能调节口味，又有益身体。

茶饮料的种类很多，如常见的珍珠奶茶、港式奶茶、蜂蜜柚子茶、罗汉果茶、火龙果茶等，都属于茶饮料。从做法上来说，茶饮料又分为：一是以茶叶的萃取液、茶粉、浓缩液为主要原料加工而成的饮料；二是用茶树叶子泡出的茶汤，与牛奶、坚果、水果、咖啡等材料，"混搭"而成。

茶饮料具有茶叶的独特风味，含有茶多酚、咖啡因等茶叶有效成分，又因加入其他材料，而兼具多种营养成分，是一种多功能型饮料。

青橘柠檬茶是用青橘、青柠檬、绿茶为主材的一种饮品。青橘、青柠檬是维生素C和多种有机酸的理想来源，绿茶含有丰富的茶多酚，它们一起搭配做成的饮料，是夏季清热消暑、促进消化、增进食欲的上选。

【 功效 】

> 促进消化

> 增强食欲

> 改善便秘

> 滋润喉咙

> 缓解感冒

> 提高免疫力

【 自制饮料 】

准备材料：柠檬1个，青橘3~5个，绿茶1~2茶匙，蜂蜜适量。

饮料做法：

1.将绿茶放入杯中，倒入80℃左右的热水，浸泡2~3分钟，过滤掉茶叶，将茶汤凉凉。

2.将柠檬对切成两半，一半切成薄片，一半挤汁，放入玻璃杯中。

3.将青橘切掉头，横、竖各切一刀，把青橘汁挤至步骤2的玻璃中。

4.把步骤1凉凉的茶汤倒入玻璃杯中，加蜂蜜调味。

青橘柠檬茶

夏天专属，酸酸甜甜好滋味

第四章 健康茶、花草茶及茶饮料

179

蜂蜜柚子茶

既有蜂蜜的甜美，也有柚子的清香，是绿色健康的饮料

蜂蜜香甜滑润，柚子清香，二者搭配制成的蜂蜜柚子茶是女性嫩肤养颜必备茶饮，也是促进消化、增加食欲、润肺止咳的理想选择。

【功效】

> 改善肤色
> 淡化色斑
> 美白作用
> 促进消化
> 改善便秘
> 增进食欲
> 排毒
> 止咳
> 增强免疫力

【自制饮料】

准备材料： 柚子1个，蜂蜜500g，冰糖150g，盐1小撮。

饮料做法：

1.将柚子皮用水淋湿，用盐搓一遍，再冲洗干净，可去除柚子皮上的脏东西和蜡。

2.用刮皮刀把柚子1/4的皮刮下来。注意尽量刮得薄一些，白色的瓤去除得越干净，茶的苦味越少。

3.柚子皮切成细细的丝，放入碗中，加水、盐浸泡1小时。其间换3次水，以去除苦涩味道。

4.去掉柚子瓤，取柚子肉，并剥成小碎块。

5.干净、无油的锅加水烧沸，放入柚子皮煮至透明，然后捞出沥干水。

6.取柚子皮丝、柚子肉、冰糖一起放入无油的锅里，加没过材料的清水，开中火熬煮，并经常搅拌，直到将水分熬干。

7.将柚子茶凉凉，放入玻璃瓶里，倒入500g左右的蜂蜜，密封好，然后放冰箱冷藏3天，就成蜂蜜柚子茶了。

喝蜂蜜柚子茶时，每次取1~2汤匙，加入冷开水或温开水，搅拌匀就可以了。

茶图鉴：从识茶到品茶

180

红心柚子不仅味道好、颜色鲜艳，而且营养价值高，含有丰富的钾、铬、维生素C等成分，有促进消化、润肺润喉、增强体质等作用。橙子是维生素C的理想来源，与柚子搭配成茶，酸甜可口，营养更上一层楼。

鲜橙红柚茶

天气干燥容易上火，来一杯鲜橙蜜柚茶润润喉吧

【 功效 】

> 降低血压
> 降低血糖
> 消食作用
> 增进食欲
> 改善便秘
> 滋润喉咙
> 止咳
> 帮助减肥
> 解酒
> 增强体质

【 自制饮料 】

准备材料： 鲜橙子1个，红心柚子1个，红茶1茶匙，白糖或蜂蜜适量。

饮料做法：

1.柚子按照"蜂蜜柚子茶"中步骤1、2的方法，取下外皮，去掉白色的瓤，把1/3的果肉切成碎块。

2.橙子去掉外皮，果肉切碎。

3.红茶用95℃左右的热开水浸泡3分钟左右。

4.将柚子肉碎、橙子肉碎一起放入料理机中打成汁，加步骤2泡好的茶汤、白糖或蜂蜜调味。剩下的柚子肉、柚子皮，可以按照"蜂蜜柚子茶"的做法，做成鲜橙红柚茶。

葡萄柚子茶

柚子和葡萄是日常生活中很常见的两种水果，它们都含有丰富的营养物质，一起吃不仅味道香甜可口，而且营养搭配相得益彰，有滋润喉咙、帮助消化、增进食欲等多种保健作用。

【 功效 】

> 滋润喉咙
> 止咳
> 改善喉咙肿痛
> 缓解感冒发热
> 帮助消化
> 增进食欲
> 改善便秘
> 利尿
> 降低血压
> 止渴
> 增强体质

【 自制饮料 】

准备材料： 葡萄20粒左右，柚子1个，绿茶1茶匙，白糖或蜂蜜适量。

饮料做法：

1.按照"蜂蜜柚子茶"中步骤1、2的方法，取下柚子外皮，去掉白色的瓤，把1/3的果肉切成碎块。

2.绿茶用80℃左右的热开水泡2~3分钟。

3.葡萄去皮、子，和柚子肉一起放入料理机中，加步骤2的茶汤打成汁，放白糖或蜂蜜调味。剩下的柚子肉和柚子皮可以按照"蜂蜜柚子茶"的做法，做成葡萄柚子茶。

橘子生姜茶

橘子生姜茶拆开也是宝：
橘子肉、皮和叶皆可入药；
生姜茶是发汗解表的常用饮品

橘子生姜茶颜色艳丽，味道诱人，而且有很好的暖胃、暖身、预防感冒的作用。秋冬天气寒冷，容易感冒，适当喝橘子生姜茶，可提高身体代谢功能，增强免疫力，有效预防感冒。

【 功效 】

> 温暖肠胃

> 促进消化

> 增进食欲

> 预防感冒

> 红润皮肤

> 淡化色斑

> 提高免疫力

【 自制饮料 】

准备材料：橘子2个，生姜1小块，红茶1~2茶匙，盐1小把，蜂蜜适量。

饮料做法：

1.将红茶放入茶壶中，冲入90℃左右的热水，5~7秒后倒掉第1泡茶汤，再加热水泡2分钟左右。

2.把红茶倒入玻璃杯中凉至温热。

3.橘子剥皮，留半个橘子皮。

4.把橘子肉、生姜放进料理机中打碎。

5.用盐搓洗橘子皮，冲洗干净后切成丝，然后放入步骤2的红茶中。

6.放入步骤4的橘子生姜碎即可饮用。

罗汉果茶

罗汉果茶可以直接用罗汉果泡水，也可以把罗汉果粉碎后做成茶包

罗汉果是生活中最常见的中药材之一，用它来泡茶，具有清咽、利喉的作用，对嗓子干痒、慢性咽炎、肺热咳嗽等都有很好的改善作用。罗汉果虽然是甜的，但这种甜味物质不是葡萄糖，不会被人体吸收而使血糖升高，它含有的糖苷、维生素E等物质，反而有助于胰岛素分泌，起到降血糖的作用，堪称"果中奇品"。

〔 功效 〕

> 降低血糖
> 保护嗓子
> 改善慢性咽炎
> 止咳化痰
> 清热
> 保护肝脏
> 消脂减肥
> 促进消化

〔 自制饮料 〕

准备材料：罗汉果1个。

饮料做法：

把罗汉果捣碎，放入壶中，冲入沸水，加盖闷泡10分钟左右。或者把罗汉果分成2半，放入砂锅中，加适量水煮沸。

随着饮食文化的发展，茶和水果的搭配已经不是新鲜事，其中就有火龙果和绿茶的组合。火龙果清甜可口，是润喉咙、助消化的佳果；绿茶清香、微苦、回甘，有清热、排毒等作用。二者搭配做成饮料，不仅滋味爽口，而且保健作用也不错。

【 功效 】

> 促进消化

> 改善便秘

> 缓解喉咙干痒

> 美容养颜

> 减肥

> 排毒

> 提高免疫力

【 自制饮料 】

准备材料：火龙果半个，绿茶1~2茶匙或绿茶茶包1袋。

饮料做法：

1.将绿茶放入杯中，倒入80~85℃的热水，浸泡2~3分钟，过滤取茶汤。

2.火龙果去皮，把果肉切成小块，放入料理机里打碎。

3.等步骤1的绿茶凉至温热，加入打碎的火龙果。喜欢原汁原味的，可以不加任何调味品；也可以加入柠檬片，或者用蜂蜜调味。

第四章 健康茶、花草茶及茶饮料

也可以用抹茶、玄米茶等代替红茶，别有一番滋味

珍珠奶茶是最具代表性的饮料之一，因奶香浓郁、滋味浓厚、珍珠Q弹而广为流传，成为深厚各地人们青睐的饮料。市面上的珍珠奶茶多是用植脂末、珍珠、果粉冲泡而成，真正的珍珠奶茶则是用红茶、牛奶作为基底，放入木薯粉圆、蜂蜜或糖等做成。

【功效】
> 补充体力
> 抗疲劳

【自制饮料】

准备材料： 木薯粉圆1小袋，纯牛奶1包，红茶1~2茶匙，白糖1汤匙。

饮料做法：

1.煮粉圆：锅中加水，烧沸后放入木薯粉圆，用中火煮15~20分钟，期间要注意勤搅动。之后关火，加盖闷15分钟左右，接着把粉圆捞出，过凉水。

2.煮奶茶：将牛奶、红茶和白糖都放入锅里，加适量水，开小火煮至微开后关火，然后用过滤网把红茶捞出来。

3.放珍珠：把步骤2的奶茶倒入杯中，再放入粉圆，用汤匙搅拌均匀，珍珠奶茶就做好了。

用茶碗斟上飘香的蒙古奶茶，放少许炒米，滋味经典而独特

蒙古奶茶是蒙古族的传统饮料，其以青砖茶或黑砖茶、牛奶等为主要材料，加盐调味，味道浓郁，含有多酚类、氨基酸、咖啡因、蛋白质等多种营养物质，是牧民解渴、补充体力和营养的极佳茶饮。

[功效]

> 利尿作用
> 消除疲劳
> 增强体力
> 提神暖胃
> 强健骨骼
> 提高免疫力

[自制饮料]

准备材料： 砖茶（用量根据个人口味增减），鲜奶120毫升，盐、奶油各少许。

饮料做法：

1.将砖茶切块，放入茶包中。

2.铁锅中加入1500mL左右的清水烧开，放入茶包煮7~8分钟，使茶叶出色、出味，捞出茶包。

3.将鲜奶倒入锅中，加少许盐，不停地用勺子多次扬沸，使茶和奶完全交融，加入奶油搅匀即成。

冬天时可以在奶茶里放点儿白胡椒面，这种奶茶略带一些辣味，可以提高抗寒力

新疆奶茶以茯苓砖或红茶为基底，加入鲜奶，煮至茶乳交融，最后除去茶叶，加盐调味而成。其兼具茶的芳香和奶的鲜甜，夏能驱暑解渴，冬能迅速驱寒、补充体力，故而成为新疆地区日常生活中不可缺少的饮料。

[功效]

> 止渴驱寒
> 增强体力
> 抗疲劳
> 促进消化
> 增进食欲
> 提高免疫力

[自制饮料]

准备材料： 茯苓砖10g，鲜奶220mL，盐少许。

饮料做法：

1.砖茶敲碎；锅里加入1500mL左右的水烧开，放入茶叶煮沸约5分钟。

2.将牛奶倒入锅中，用中大火煮沸，不断用勺扬茶，直至茶和奶充分交融即可关火。

3.用过滤网过滤掉茶叶，加盐拌匀即成。

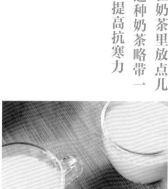

港式奶茶

茶味和奶味清晰可分，但又完美融合，一口喝下去，倍感舒爽

港式奶茶是我国香港地区独有的一种饮品，以茶味重、味道偏苦涩、口感丝滑、香醇浓厚为特点。其茶叶主要选择锡兰红茶，配以淡牛奶，以撞茶的方式，最大限度地激发茶本身的色、香、味，使奶茶入口先苦涩后甘甜，最后满口留香。又因锡兰红茶分高地茶、中地茶、低地茶，还有粗茶、细茶方面的因素，冲制出来的奶茶也风格各异。

【 功效 】

> 补充体力

> 缓解疲劳

> 强健骨骼

> 促进消化

> 提高免疫力

【 自制饮料 】

准备材料：淡牛奶100mL，红茶2茶匙，白糖适量。

饮料做法：

1.茶壶里加300mL左右的水煮沸。

2.将红茶放入茶袋中，先用清水冲一遍，然后放入茶壶中，用中火煮3~5分钟。

3.将淡牛奶放入杯中，然后把步骤2的茶壶举高，分3~5次将八成多茶汤快速冲入牛奶中。

4.壶中还剩少许茶汤，继续用小火煮3~5分钟，先冲入步骤3的奶茶，再将壶中的奶茶冲入杯中。

5.最后加适量白糖调味，奶茶就做好了。

英式奶茶是英国茶文化中的重要组成部分，其做法与港式奶茶类似。最初英式奶茶流行时，茶叶主要选择具有松烟香的正山小种，后因成本问题改为阿萨姆红茶和锡兰红茶。传统的英式奶茶制作时，先倒牛奶，再加茶汤。随着时代的发展，很多人习惯于喝奶茶先泡红茶，再加牛奶。

【 自制饮料 】

准备材料： 纯牛奶1袋，阿萨姆红茶1小包，矿泉水500mL，白糖或淡奶油适量。

饮料做法：

1.将矿泉水倒入奶锅中煮沸，放入红茶包煮1分钟左右。

2.倒入牛奶，不停地快速搅动，使奶茶交融，大概5秒左右就可以了。

3.关火，取出茶包，将奶茶倒进杯中，加白糖或淡奶油调味。

英式奶茶
茶醇奶香，搭配几款点心，享受慢时光，何等惬意

香蕉奶茶融合了牛奶的香醇、红茶的醇厚和香蕉的甜香，滋味十分独特。除了具备牛奶和红茶的营养，这款饮料还囊括了香蕉的糖类、维生素A、维生素E、钾等成分。消化功能不好，经常便秘的人，可以用这款饮料来调理肠胃。

【 功效 】

> 促进消化

> 改善便秘

> 排毒

> 强健骨骼

> 抗疲劳

> 增强免疫力

【 自制饮料 】

准备材料： 香蕉1根，纯牛奶1袋，红茶1~2包，白糖适量。

饮料做法：

1.香蕉剥皮，切成小块后放进料理机里打成泥。

2.将牛奶倒入奶锅里，用小火烧热，然后放入红茶包，继续用小火煮，边煮边不停搅拌，不要让牛奶沸腾。

3.等红茶出色，牛奶煮成奶茶颜色后，关火，放入香蕉泥搅拌均匀，按照自己的口味加白糖继续搅拌。

4.用茶滤网过滤后即为香醇的香蕉奶茶。

香蕉奶茶
奶茶里加水果不是稀罕事儿，除了香蕉，还可以加苹果、火龙果、橘子等

炭烧奶茶

炭烧奶茶源于意大利，是一种以咖啡、牛奶作为主材料制成的奶茶。炭烧奶茶又分意式炭烧奶茶、台式炭烧奶茶等种类，其中意式炭烧奶茶所用的茶料主要是锡兰红茶、阿萨姆红茶，而台式炭烧奶茶则在意式炭烧奶茶的基础上增加了乌龙茶、茉香、乌梅等本地风味。不论是哪种炭烧奶茶，它都奶味香柔滑口，糖味清甜甘爽，而且还有提神醒脑、驱赶疲劳、增强体力等作用。

奶茶滋味别具一格

做成炭烧奶茶，麦香味使

也可以用大麦茶代替咖啡

【 功效 】

> 利尿
> 提神醒脑
> 缓解疲劳
> 增强体力

【 自制饮料 】

准备材料： 牛奶1袋，咖啡1袋，乌龙茶1小包。

饮料做法：

1.将牛奶倒进奶锅中，小火加热到快要沸腾。

2.乌龙茶放进杯中，冲入沸水，加盖闷泡10分钟左右，然后取出茶包。

3.取一个新的玻璃杯，依次倒入热牛奶、热茶，然后加入咖啡搅拌均匀。注意奶和茶的比例一般是牛奶250mL、茶150mL。

坚果奶茶

坚果奶茶是一种由茶叶、坚果、牛奶为主要材料做成的饮品。做坚果奶茶的，可以选择的原料有很多：茶叶可以选择红茶、乌龙茶、普洱茶等；坚果有夏威夷果、杏仁、核桃、巴旦木、腰果等，可以用一种，也可以多种混搭。坚果是植物的精华部分，含有油脂、矿物质、维生素、氨基酸等多种成分，它的加入，给奶茶增添了风味，也提升了营养层次。

周末自制一杯坚果

奶茶，享受慢时光

【 功效 】

> 促进消化
> 增进食欲
> 增强心脏功能
> 补脑益智
> 强健骨骼
> 抗疲劳
> 提高免疫力

【 自制饮料 】

准备材料： 红茶1包，牛奶1袋，坚果、白糖适量。

饮料做法：

1.锅里加水烧沸，放入红茶包煮10分钟左右，取出红茶包。

2.坚果放入料理机中打成碎末。

3.把煮好的红茶、牛奶倒入杯中，加入坚果碎末、白糖，搅拌均匀。

图书在版编目（CIP）数据

茶图鉴：从识茶到品茶 / 康菲，陈美珍编著. —北京：中国轻工业
出版社，2020.11
ISBN 978-7-5184-3117-5

Ⅰ.①茶… Ⅱ.①康… ②陈… Ⅲ.①茶文化—基本知识 Ⅳ.①TS971.21

中国版本图书馆CIP数据核字(2020)第140099号

责任编辑：卢　晶　　责任终审：张乃东　　整体设计：逗号张文化
责任校对：燕　杰　　责任监印：张京华

出版发行：中国轻工业出版社（北京东长安街6号，邮编：100740）
印　　刷：北京博海升彩色印刷有限公司
经　　销：各地新华书店
版　　次：2020 年 11 月第 1 版第 1 次印刷
开　　本：720×1000　1/16　印张：12
字　　数：300 千字
书　　号：ISBN 978-7-5184-3117-5　定价：49.80 元
邮购电话：010-65241695
发行电话：010-85119835　传真：85113293
网　　址：http://www.chlip.com.cn
Email：club@chlip.com.cn
如发现图书残缺请与我社邮购联系调换
190097S1X101ZBW